日本再生最終勧告

原発即時ゼロで未来を拓く

慶應義塾大学名誉教授
加藤 寛

ビジネス社

本書は私の遺言である。
少なくとも「原発即時ゼロ」の端緒を見届けないかぎり、
私は死んでも死にきれない。

加藤寛

本書は加藤寛氏の遺作である。

加藤寛氏は、本書を執筆し終えて、平成二五年一月三〇日、享年八六で永眠された。

加藤寛氏を長年来恩師と仰ぐ小泉純一郎元総理、竹中平蔵慶應義塾大学教授より推薦をいただき、また数多くの教え子の皆さまから、最後の仕上げで多大なご協力をたまわった。

心より感謝申し上げるとともに、加藤寛氏のご冥福を祈って、本書をささげる。

ビジネス社編集部

目 次

第3章 原子力政策と公共選択論

第4章 福澤桃介と松永安左ヱ門から何を学ぶか

第5章　自律分散型電源社会を目指して

対談「今、何が求められているのか」

特別寄稿

原発政策に関する討論型世論調査（DP）について

●曽根泰教 慶應義塾大学大学院教授

はじめに　ただちに原発ゼロに

私が「脱原発」どころか「原発即時ゼロ」を主張していることが、世間に物議をかもしているようだ。

おそらくそれは、第二次臨時行政調査会第四部会長として「国鉄分割民営化」、また政府税制調査会会長として、直間比率是正のために「消費税の導入」を推進する立場にあったあの加藤寛が、さらには「官から民」へ「中央から地方」をめざして、「郵政民営化」と「小泉構造改革」に携わったあの加藤寛が、「原発即時ゼロ」を唱えることに、多くの人々が想定外の違和感を抱かれたのだろう。

どうやら私は、そうした経歴から、「原発推進派」と思われていたようだ。たしかに国鉄民営化や税制改革をはじめ、戦後日本が抱える構造的課題に対して、自由主義経済の立場から、これまで長年にわたって政府に進言をしたことは事実であり、それについては自負をもっている。しかし、私は政府の行財政改革について進言はしてきたが、エネルギー政策について「諮問」される立場にはなかった。詳しくは本文で述べるが、原発推進は、私の研究分野の一つである「公共選択論」による分析からも疑問を感じていたし、従来からの経済学で考えても、かねてより原発はコストが高いとみていた。したがって私を「原発推進派」とされるのは、とんでもない短絡的な評価といわざるをえない。

それでも、私個人が誤解されるのは一向にかまわない。しかし、原発問題はまさに日本の将来の命運にかかわることなので、これはなんとしても正しておかなければならない。これが本書を書こうと思った初発の動機である。

まず断言しておきたいのは、私が世論におもねって、あるいはウケをねらって、突然「原発即時ゼロ」を言い出したわけではない。原発事故が起きたから、それまでの考えを改めて原発ゼロを言い出したのでもない。長年の実践的学究から導かれる当たり前の判断なのだ。そもそも私の経済学への関心は、ピグーの「厚生経済学」との出会いからだった。そこで共感を覚えたのは〝社会的情熱〟と〝実践的な学問〟である。ピグーはこう述べている。

「カーライルはいった。『驚異は哲学のはじめである』と。しかし経済学のはじめは驚異ではなく、むしろみすぼらしい街の汚さと、しなびた生活のわびしさに憤る社会的情熱である」

研究対象を経済政策、政策プロセス、公共選択論と広げても「経済学の使命は、社会の厚生を拡充する道筋の発見にある」とのピグーの考えへの共感は一貫している。「世の中の役に立たない学問は無意味」というピグーのいう確信と社会的情熱が私を突き動かしてきた。それにより「原発即時ゼロ」の結論に至ったのであり、その経緯については本書でおいおい明らかにしていくが、そもそも私の言動が世間に物議をかもすきっかけとなったのは東京新聞の昨年一一月九日付け記事であるので、まずはそれを抜粋して紹介する。

城南信用金庫（本店・東京都品川区）は八日、シンクタンク「城南総合研究所」を九日付で本店企画部内に設立すると発表した。「原発に頼らない安心できる社会」を目指し、大学教授ら専門家の研究成果を踏まえ、原発がなくても電力不足にならないことなどを情報発信していくのが狙い。名誉所長には「原発の即時廃止」を訴える加藤寛・慶應義塾大学名誉教授が就く。

さらに東京新聞は原発報道に熱心なこともあるが、おそらく読者から「あの自民党政権のブレーンだった加藤寛がなぜ」との問い合わせがあったのであろう、二〇日後の一一月二八日付けで、さらに大きくページを割いて次のような「続報」を掲載した。以下抜粋して紹介する。

「原発やむなし」目覚まして（「3・11後を生きる」）

「原発に頼らない安心できる社会」を目指す方針を掲げる、城南信用金庫が今月スタートさせたのが「城南総合研究所」。原発がなくても経済や社会は成り立つという専門家の分析を、分かりやすく情報発信していくのが狙いだ。旗振り役の吉原毅理事長は「原発やむなしと考えている自称『現実主義者』に目を覚ましてもらいたい」と訴える。（中略）

シンクタンクの「理論的な支柱」となる名誉所長には、加藤寛・慶應義塾大学名誉教授を迎えた。歴代の自民党政権下で経済政策のブレーンを務め、旧国鉄の分割民営化などに取り組んだ著名な経済学者。吉原氏は学生時代、慶大の加藤ゼミで学んだ門下生で、加藤氏は就任を快諾したという。（中略）

意外な応援団もいる。本紙が研究所の設立を報じた今月九日、城南信金本店に小泉純一郎元首相から電話が入った。「よくやった、と激励されました」と吉原氏。元首相は四月に城南信金が開いた講演会でも「原発を推進していくのは無理。原発の依存度を下げていくのが、これから取るべき方針」と訴えたという。（中略）

シンクタンクの城南総合研究所が発表した第一弾のリポートに、名誉所長に就いた加藤寛慶應義塾大学名誉教授が寄稿した。「脱原発は新産業の幕開けをもたらし、景気や雇用の拡大になる」として、日本経済を活性化させる観点からも、原発ゼロを訴えてい

る。（以下略）

なお、記事中にある私のゼミ生であった「旗振り役の吉原毅理事長」とは、本書の巻末で対談をしているので、吉原理事長の主張の詳細についてはそこをお読みいただきたい。

さて、この東京新聞の二回にわたる記事によって、私をめぐる報道が一気に過熱するのである。以来、活字メディアだけでなく、インターネットでも、「あの政府のご意見番の加藤寛が……」と話題にされるようになったようだ。ありがたいことにほとんどが好意的で、「原発推進派と思っていたのに裏切られた」というものは少数だった。

それにしても、私に対する誤解が著しいことが話題の大いなる原因ともなったので、ここでもう一度述べておきたいが、私の教え子である城南信用金庫の吉原理事長に説得をされて、いわば「負うた子に教えられ」て、私は突然「原発即時ゼロ主義者」になったのではない。また、多くの知識人が、それも左翼ではなく保守からも「反原発」の声があがったので、それに乗り遅れまいとして発言したのでもない。

すでに私はあの不幸な原発事故が発生した直後、小泉純一郎元首相、竹中平蔵慶應義塾大学教授と鼎談をし、原発に対する私の立ち位置を明確にしている。

それは、東日本大震災が発生して二ヵ月後の二〇一一年五月、日経CNBC主催・

UBS協賛により都内で開催された、「三賢人／潮流を読む～侃々諤々経綸問答～」と銘打ったセミナーである。総理辞任後、表舞台に出ることがきわめて少ない小泉氏が私の依頼に応えるかたちで実現したもので、氏によればこれが「最初で最後」とのことであった。

数多くの尊い人命を奪った東日本大震災と福島第一原子力発電所事故という国難にいかに立ち向かうべきか。まず小泉氏は「このかつてないピンチこそ、チャンスに変えるべきである」と逆転の発想を披瀝して、「石油危機の教訓を生かし、今後は原発への依存度を下げるべきだ。代わりに風力、太陽光、地熱などの自然エネルギーを促進すること。そうすれば地球環境問題にも貢献でき、エネルギー分野に新たな技術も生まれるはずである」と提言。

竹中氏は「複合連鎖危機」ととらえ、「様々なリスクが相互に連鎖しあう今、私たちは直面する危機の本質を共有し、復旧・復興・改革を一体化してシームレスに取り組まなければならない。たとえば農業は、環太平洋パートナーシップ協定（TPP）に対応できる強い農業に変革する。街の再建では、安全・安心な二一世紀型エコタウンを創設する。また被災した自治体の合併を進め、東北の地方分権を本格化すること。そうした確かな構想力とガイドラインが必要である」と提言。

私は両氏の発言に大いに「わが意」を得て、「原発事故や電力問題が起きている今こそ、社会科学の重要性」を説いて、さらにこう発言をした。

「一九二三年（大正一二年）の関東大震災では、翌日に後藤新平が内務大臣に就任し、震災からわずか四週間後には帝都復興院が設置された。国難に迅速に対応し、的確な具体策を出すこと。二人が言うように日本は今、大きな方向転換を求められている」

さらにレギュラー寄稿者を引き受けている静岡新聞の「論壇」で、「脱原発こそ新産業の幕開けに」「原子力発電は古い電力」などと「原発ゼロへの歴史的方向転換」を繰り返し訴えてきた。

こうした一連の発信活動をうけて、東京新聞に報道された「原発に頼らない安心できる社会」を目指すシンクタンク「城南総合研究所」の名誉所長就任となり、第一弾のリポートを寄せることにつながるのである。

では、少々長くなるが、私が寄稿した『ただちに原発をゼロに！　国民の手に安全な電気を取り戻し、日本経済の活性化を実現しましょう‼』を以下に全文掲載する。


原発はあまりに危険であり、コストが高い。ただちにゼロにすべきです。原発がなくても日本経済は問題ないことは今年の原発ゼロですでに実証されています。火力発電だけで電力は十分に供給可能です。

燃料費がかかるといいますが日本の経常収支が仮に赤字になっても、為替レートで収支は調整されるので全く問題ないのです。それに為替レートが円安になれば国内企業にとっては輸出競争力が高まり、かえって経済の活性化につながるのです。

松永安左ヱ門のつくった九電力体制は、地域分割で独占の弊害を是正しようとしたものですが、今では、政府と癒着し、利用者を無視し、さらに原子力ムラという巨大な利権団体をつくってマスコミ、そして国家をあやつるなど、独善的で横暴な反社会集団になりさがっており、独占の弊害が明らかになっています。これを公共選択論という経済学では、レントシーキング（たかり行為）といいます。かつての国鉄は、独占を排除し分割民営化により、利用者や国民を向いた経営に転換しました。

太陽光や風力、地熱、バイオマスなどの発電技術、LED、エコキュート、スマートグリッドなどの節電技術、さらには蓄電器などの蓄積技術などにより、電力の技術革新も急速に進み、地産地消や新たな配送方法が発達することが予想されます。こうした技術革新の中で、そもそも、原発に依存したこれまでの巨大電力会社体制も、近い将来は、時代遅れになり、恐竜のように消滅すると思われます。

このまま「古い電力である」原発を再稼働しても、決して日本経済は活性化しません。むしろ脱原発に舵を切れば経済の拡大要因になる。中小企業などものづくり企業の活躍の機会が増える。新しい時代の展望が開ければ新しい経済が生まれる。脱原発は新産業の幕開けをもたらし景気や雇用の拡大になる。経団連が雇用減少というが、脱原発は雇用拡大です。

その意味でも、ただちに原発ゼロにすべきです。そしてかつて私が第二次臨時行政調査会・部会長として関わった国鉄改革のように、電力の独占体制にメスを入れ、官庁の許認可に頼らない、真の自由化を実現し、国民の手に安全な電気を取り戻さなければなりません。

さて、それではどうすれば「原発即時ゼロ」が実現できるのか。これまで私が教え子たちと温めてきたより具体的な方法論をこれから述べていくが、その前段として、脱亜入欧の日本の近代化を領導されてきたわが慶應義塾の創立者、「福澤諭吉翁ならどう考えるか」から筆をおこしたい。

何事も急がば回れである。ましてや千年に一度の大災厄の処方となればなおさらだ。少々迂遠に思われるかもしれないが、まず百五十余年も前のわが福澤諭吉翁の根本提言に立ち返ってから、日本を救う原発ゼロのゴールである「未来志向の電源社会」へと読者諸賢をご案内しようと思う。

第1章

電力政策を考える視座

今や慶應義塾でも必読書と指定されなくなってしまった福澤諭吉の『学問のすゝめ』だが、そこに平易かつ鮮やかに書かれた思想は現在でもまったく色褪せることなく、それどころか、ますます重みをもって私たちに問いかけてくる。学問とは何か、実業に資する学問とは何かと。

私は今日に至るまで、福澤諭吉の思想を軸に据え、言論活動とその実践に努めてきた。まずは福澤の思想の神髄について少し触れてみたい。

現代こそ福澤諭吉の教えを

福澤は、こう述べている。

「人の自由独立は大切なるものにて、この一義を誤るときは、徳も脩むべからず、智も開くべからず、家も治らず、国も立たず、天下の独立も望むべからず。一身独立して一家独立し、一家独立して一国独立し、一国独立して天下も独立すべし。」(『中津留別の書』)

「独立の気力なき者は必ず人に依頼す、人に依頼する者は必ず人を恐るる、人を恐るる者は必ず人にへつらうものなり。つねに人を恐れ人にへつらう者は次第にこれに慣れ、その面の皮鉄の如くなりて、恥ずべきを恥じず、論ずべきを論ぜず、人をさえ見ればただ腰を屈するのみ。」（『学問のすすめ』）

「愚民の上に苛き政府あれば、良民の上には良き政府あるの理なり。故に今、我日本国においてもこの人民ありてこの政治あるなり。仮に人民の徳義今日よりも衰えてなお無学文盲に沈むことあらば、政府の法も今一段厳重になるべく、もしまた人民皆学問に志して物事の理を知り文明の風に赴くことあらば、政府の法もなおまた寛仁大度の場合に及ぶべし。法の苛きと寛やかなるとは、ただ人民の徳不徳に由って自ずから加減あるのみ。」（同）

すなわち、国民の自由と独立に立ちはだかる政治や行政に心の底から憤りつつも、安易な政治家批判・官僚批判のみに堕してはならないこと。

国民にとって真に望ましい国のかたちは、「民間自立」、すなわち民間の力で勝ち取るべきものであり、そのためには各々の国民が自立の気概を持ち、学問を積まなくてはならないこと。

そして、それが、国民にとって望ましい政治・行政を手にするための国民の大きな武器となること。

そう福澤は述べているのだが、この教えは、現代にこそきわめて重い意味を持っている。

私はこうした福澤の「民間自立」の教えに基づいて教え子たちを指導してきた。たとえば、私が教え子たちに「内需拡大論の経済政策的意義について考えてみよ」という論題を投げかけたとしよう。

普通の経済理論だと、たとえば「内需拡大」とくれば、政府がどのような政策を取れば「内需拡大」するかを純粋に考える。純粋に考えるために、モデルを使い、その中での解を求めていく。私たちの場合は、そのような学問の有益性は疑わないものの、政治介入の結果、現実にはその解がどうなるのか、いざ政治プロセスの中に入り込んでしまった場合、どのような帰結になるのか（どうなりがちなのか）を併せ検討する。それよりなにより、たとえば出発点を「内需を拡大するには、どうすればよいのか？」という課題に置くのでなく、そもそも「内需拡大すべきなのか？」「内需拡大は、政府が政策目標として掲げるべきなのか？」という根本に立ち入って考えるのである。それは、「規範」の領域に立ち入ることを意味し、純粋に科学的に考える経済算術だけの世界ではない。いわば、社会にとって望ましい姿を考えることなしに、学問を完結させてはならないと私は考えている。

だから、最初に、学生たちには自分がどんな政策が望ましいと考えているのかという価値判断を明示してもらう。純粋理論なら解を導けようが、実践のための学問として政策提言するためには何が望ましいか、と考えるのがきわめて大切なのだ。

ここに恣意が挟み込まれれば、提言は「なんでもあり」になる。まさに、価値判断という規範をあえて用意することで、百家争鳴、ジャーナリスティックな戯言になるのを防ぎ、学問として筋道の立った提言となるのである。

「経済政策は、国民の経済的効率に資するものであるべきで、国民にとって公正なものであるべきだ」——これが大前提となる。

問われる政府の役割

そうなれば、必然的に、「政府の役割」が問われることになる。政府がどこまで手を下すべきかも、そうした価値基準に拠っているのだ。では、そういう主張を前提としたとき、「政府の役割」はどうあるべきなのか？

一言で言うと、「民間自立」、すなわち民間がやったほうがうまくいくことは民間に任せるべきだ。そこには、利潤追求、顧客創造、企業存続をかけた企業家精神の発揮、競争による効率化、市場メカニズムに基づく適正な量と価格の調整が行われる。「市場の限界」と呼ばれる部分をのぞけば、民間の自由な活動は、政府介入による場合にくらべ、はるかにすぐれている。

また、震災時ボランティアに見られるように、利益優先の民間企業にも、あからさまに利己的とは言い難い、人間らしい側面は明らかにある。民間企業のさしのべた支援で、どれだけ被災者が助かったかは報道でも多く目にしたことである。自由な民間の活動が、社会的公正を軽視したものになるなどとは、とても決めつけられないのだ。

さらに、時代の成熟とともに、企業の社会的責任は重みを増し、法律を守るという受動的な側面のみならず、利己的といえないような社会貢献をする企業の信頼は増す傾向が強まっている。つまり、仮に企業が利潤追求を究極の唯一の目標と設定していたとしても、社会的存在意義を別の形で表現していくことは、その究極の目標と矛盾しないケースも多い。

しかしながら、市場には限界があり、その点の補完は政治プロセスによるしかない。それが民主主義、自由主義国家の原則だ。

我々は、官僚が「民間自立」を阻害し、国民の厚生（福利）を阻害するだけの存在と考えているわけではない。役所は非営利団体であり、信賞必罰が厳格ではない環境で仕事を続けるなら、たとえば単に緊張感という側面だけを思い浮かべても、民間の活動にくらべ劣る面は否めない。

本意は官僚をうまく使うことにある。一人ひとりの人材としての優秀な力を、真に国民のために使ってもらうような制度設計こそが重要と考える。

しかし、官僚の民間活動への介入は、市場の限界を補完する限りにおいては理解はできるものの、それを超えたところで、より大きな問題を引き起こす。「公共選択論」にいう「政府の失敗」であり、この問題をふまえて、現実の政策に生きる提言を行うのが、我々の課題なのである。

国民の自由と電力問題

そして、この政府の役割についての思いの根本には、戦争を体験した世代としての「自由」に対する強い希求がある。ところがその「自由」の価値を、自由主義の国家に生きる国民は、それが当たり前であるがゆえに、往々にして軽視している。なにか事件・事故が起これば、「政府は何をやっているんだ！」と怒る癖がつき、政府は、ここぞとばかりに法規制を強める。しかし、冷静に考えれば、その法律や規制によって、次々と、民間の自由な活動は制約されていく。

財政は肥大化し、その財源は、結局のところ国民が自ら稼いだ所得からの税金で賄うしかない。活動の自由を失い、自由に使えるはずのカネも巻き上げられる。その傾向は、近年さらに強まっている。この悪循環を断つ意味でも、政府の役割を考えることはきわめて重要だ。

そのような視点から、電力問題を考えるのが本書の目的である。二一世紀に入り、国民の「自由」を制約する方向が一段と強まり、将来の不安は増大する一方だが、東日本大震災の発生は、新たな日本をつくり出すには十分過ぎる大きさの犠牲だったはずだ。震災により電力行政に歴史的な転換が訪れようとしているのは間違いない。

しかし、本当に望ましい方向転換ができるのか、あるいは、表面的には大転換でも本質はかつてと大差ない結果に終わるのか。それは、国民一人ひとりの双肩にかかっている。

本書表紙の帯では、「福澤諭吉ならいかに考えるか」を惹句とした。まずは福澤山脈の重要人物である「電力王」と呼ばれた福澤桃介と「電力の鬼」といわれた松永安左ヱ門、このふたりの活動を振り返ることで、百年にわたる日本の電力行政に福澤諭吉の思想が及ぼした精髄を概観する。

第2章

福澤山脈が築いた日本の電力体制

福澤桃介
(ふくざわ・ももすけ)

1868〜1938年。事業家。埼玉県出身。川越市の提灯屋・岩崎紀一の次男として生まれたが、福澤諭吉の長女ふさの入り婿となって福澤性を名のる。1887年（明治20年）に慶應義塾を卒業、諭吉の援助で米国に留学。1989年（明治22年）帰国、北海道炭礦鉄道に入社。しかし、肺結核を患い、入院中に相場に手を出して大儲け、「天下の相場師」との異名をとる。その後、松永安左ヱ門と電力事業に乗り出し、「電力王」と呼ばれた。1912年（明治45年）の衆議院選挙で当選を果たしている。著書に『財界人物我観』がある。

写真提供／毎日新聞社

松永安左ヱ門
(まつなが・やすざえもん)

1875〜1971年。電気事業者。長崎県出身。1899年（明治32年）慶応義塾を中退。日本銀行員、石炭商などを経て、1909年（明治42年）福博電気軌道の設立に関わり、電気事業経営に乗り出す。その後、九州電燈鉄道（後の九州電力）や東邦電力（後の中部電力）の社長として活躍。「科学的経営」の先駆者であり、「電力の鬼」の異名をとる。戦後の電力再編でも中心となって活動し、地域分割「九電力体制」の生みの親となった。茶人、登山家としても知られ、『松永安左ヱ門著作集6巻』などの著書がある。

写真提供／毎日新聞社

明治維新以降の近代化過程において、わが国では、実に多くの企業が勃興し、現在の日本経済の源流をなしている。それらの企業の歴史的系譜をふり返ってみると、共通している点がある。

一企業が製紙業、電力業、電鉄業など、日本を代表する産業の雄にまでのぼりつめる過程で、現代とはとうてい比較にならぬほど大変に個性的で起（企）業家精神にあふれた経営者の存在があるということだ。

早稲田大学の創始者である大隈重信に連なる人々が政界・言論界に実に多くの人物を輩出していることはよく知られているが、実業界においては福澤諭吉と慶應義塾に連なる人々が、日本の近代化の一翼を担ったことも忘れられない事実である。それを称して「福澤山脈」という。

福澤山脈には、三井から多くの人材を輩出させた中上川《なかみがわ》彦次郎と三菱の基礎をなした荘田平五郎がいる。一方、三井・三菱といった財閥を離れ、電力・電鉄などの公益事業を民間の力で発展させようとした経営者群もいた。その両雄が、わが国の近代化・工業化を支えた電力事業にあって、「電力王」と呼ばれた福澤桃介と、「電力の鬼」と呼ばれた松永安左ヱ門である。

電力事業をテーマとする本書においては、福澤山脈全体を詳らかにすることはその任ではないが、福澤山脈の経営者たちには「和魂洋才」「民間自立」「社会貢献」といった経営理念がつねに貫かれており、電力事業をつくり上げたふたりの経営者にも、それが強く継承されている。

福澤桃介、松永安左ヱ門という偉大な経営者の事業に対する考え方、取り組み姿勢を俯瞰し、ふたりの考え方の源流にある問題意識をふり返り、今後の電力政策の課題に対する解決策のヒントを導き出す、それが本章のモチーフである。

福澤桃介と松永安左ヱ門

福澤桃介には『財界人物我観』という近代化に貢献した名経営者の人物評を自ら著した書籍がある。経営者が他の経営者の評価を一冊の本にしてしまうのも異例であるが、その評価方法も桃介自身の毒舌も相まって、こきおろしではないかというところも否めないものの、なかなか一般には言いづらいことを奔放に語っており、実に気分爽快の一著である。

本の最後に桃介自身が、当時の青年に向けて成功者となるべき要諦は何かを次のように記している。

その一「倹約たるべきこと」（倹約）
その二「計数を基礎とすること」（計数）
その三「幸運を祈るべきこと」（幸運）
その四「富をなすの要素は利に利を積むにあり」（積利）

時あたかも昭和恐慌の時代にあって、未来に確信を持てぬ青年に向けて贈る言葉となっているものの、桃介自身が考える経営者の要諦であることは、明らかである。

その二「計数を基礎とすること」は、「大福帳的」経営から近代的な経営を支える簿記を初めてわが国に紹介したのが福澤諭吉だが、福澤桃介、松永安左ヱ門の両名にあっても、計数を大事にする経営手法を貫いた。とくに松永にあっては、数字を扱い論理的に経営を組み立てるところから、その経営手法は「科学的経営」とも称された。

その三「幸運を祈るべきこと」（幸運）では、神仏を信仰することの大事さを説いているのだが、それは一方で、事業においても人知が及ばぬことがあることをつねに考えなければならない、と訴えているようでもある。

その四「富をなすの要素は利に利を積むにあり」（積利）では、桃介自身が大変な相場師であったことから複利の重要性を説いているのだが、その一の「倹約たるべきこと」（倹約）と並んで、カネの使い方を説いている。すなわち、無駄使いは複利で無駄をしているのと同じであるということ。毎年、毎年、マイナスを計上することは複利でマイナスを膨らませていることだと。

相場師・福澤桃介

福澤桃介は一八六八年（慶應四年）、武蔵国（現埼玉県）の生まれである。幼少時より「神童」と呼ばれ、一八八三年（明治一六年）、慶應義塾に入学。在学中、福澤諭吉と夫人にその秀才ぶりと美少年ぶりを気に入られ、福澤家の養子となる。その後、一八八七年（明治二〇年）二月、米国に渡り、高等学校のイーストマン・ビジネス・カレッジに入学し、五カ月で卒業。卒業後は、ペンシルベニア鉄道会社に入り、実務見習いとなる。一八八九年（明治二二年）の帰国後には、福澤諭吉の娘と結婚、諭吉が鉄道の未来に確信をもっていたことから、北海道炭礦鉄道に入社することとなった。

ところが桃介は入社五年ほど経ったころ、喀血し肺病を患う。生活費や療養費を稼ぐため、株式相場に挑んだ。晩年まで「相場師」として名を馳せた桃介の初めての相場である。日清戦争後の相場環境の良さも相まって、千円の元手で十万円ほど儲ける。その後、病気が快復に向かうや否や、丸三商会という貿易商を、松永安左ヱ門と組んで始めたのだが、金融の途をふさがれ、一年で破綻。

現代と異なり肺病が大病であったことを考えると、病気で床に臥せたこの時期が桃介の「第一の試練期」であり、丸三商会破綻の時期は「第二の試練期」ととらえる向きもあるが、その通りである。

その後、一九〇一年（明治三四年）、北海道炭礦鉄道に再び入社、サラリーマン生活を過ごすが、一九〇六年（明治三九年）、同社を辞し、日露戦争による株式暴騰をとらえて株式成金となり、いよいよ大相場師といわれるようになる。

福澤桃介が実業界に入っていくのはその後のことだ。まずは、一九〇九年（明治四二年）に福博電気軌道に経営参加。その後福博電気軌道は、博多電燈と合併し、博多電燈軌道となり、一九一二年（明治四五年）には九州電気と合併し、九州電燈鉄道となる。

これらの事業はすべて、盟友松永安左ヱ門と共に行われたものであるが、事実は松永に引っ張り出されたものであり、桃介自身の役職はつねに松永の上であるものの、実態は松永が経営していたといっても間違いではない。このことは桃介自身の言葉として『福澤桃介翁伝』にも残されている。

この時期の桃介の経営は大株主の域を超えるものではなく、現代風にいえば「所有と経営」が完全に分離されていたともいえるが、どちらかというと福澤桃介の名前とカネを目当てに、松永を始めとする財界人が桃介を引っ張り出したというのが本当のところであろう。

福澤桃介の事業家への転向

福澤桃介が「電力王」の途を歩み始めるのは一九一〇年（明治四三年）に名古屋電燈（後の東邦電力）の取締役（その後、常務）に就任した頃からである。

相場師から事業家に転向する過程での桃介の方向感には全く定見がなく、人造肥料、麦酒、鉱山、農場など四方八方に手を伸ばしていた。

その桃介が水力発電事業に興味を抱き、それを生涯畢生《ひっせい》の事業としたのはなぜか？　そのヒントは「事業」に対する桃介の考え方にある。『福澤桃介翁伝』に、桃介自身が、九州電燈鉄道二六年の歴史を回顧する中でこう述べている。

「然るに商売殊に株式の売買の如き、浮沈の余りにも劇しいもので今日にあって明日を期し難く、結局利する所の至って少ないのみならず、商売は単に富を移動させるのが目的ゆゑ、目前の人を喜ばせ周囲の人へは、多少自分の生命を傳え、これを無量寿のものたらしめ得らるるもの」

「依って一時に巨利を博し得られぬとしても、利潤の必然あるべきもので、然も人生の幸福を増進し得られ、世間からも亦当然感謝を以て迎えられるやうな事業を撰み、これを終生の仕事とし」

ここから読み取れるのは、事業選択にあたっての桃介の基本的な考え方である。すなわち、福澤山脈の経営者に共通した経営理念の一つでもある「社会貢献」という理念だ。

しかし、桃介が実際に事業を選択しようとすると、

「見渡したところ思はしい事業と云うものは、却々世間に乏しい」

「慈悲惻隠の情に入り人情を傷くる如き業種のものは、断固としてこれを避けたい」

「紡績製糸の事業の如き国益となり、また利潤もあるに相違ないが、孰《いず》れも生きた物を対象とし、紡績事業には工女を多数に使役せねばならぬ難問題を控え（中略）、往々人情の堪え難き処を忍び、幸の無い工女を逆使して慈悲を傷ふが如き、残忍を敢てせねばならぬ惧れがある」

事業選択にあたっては、結局「ゼロサム」であり、国全体で付加価値を生みえない相場のような商売を避けようとするとともに、人をはからずも傷つけてしまうような事業を積極的に避けようとする想いがここにある。桃介の事業が本来持っている、「外部不経済」に対する大変に慎重な配慮がうかがえるのである。

むろんこの時代、原子力発電などは想像を絶する存在で、あくまでも仮定としての話だが、現在の原発のように「外部不経済」が未来にわたって永続する可能性があるような事業を、はたして桃介は選択したであろうか？

福澤桃介にとっては、近代化の過程という時代の中で、利潤が上がる事業に対しては一定の理解はあるものの、むしろ、その利潤のあげ方が問題であり、いかに「人を傷つけることなく」事業を遂行するかが重要だったのである。

桃介にとっては相場を張れば利潤をあげることは「たやすい」。それゆえ事業を選択することは、利潤の額や率だったりするものではなく、その利潤のあげ方そのものと、事業が未来に向けても永続的なものであることが肝要だったのである。

福澤桃介と水力発電

ところで、福澤桃介は発電事業に参入するにあたって水力発電を選んだのはなぜか。桃介は『福澤桃介翁伝』において、日本という国がいかに水力発電に適した国であるかを繰り返し述べている。

「細長い本土の中央を脊髄の如く東北より西南に山岳の縦走して居る結果、山は急峻であると共に、其間を縫うて流れる河は、南流して太平洋に注ぐか、北流日本海に入るか、何れも急流奔放で至る処渓谷美に富み落差極めて多い」

「かくのごとく日本は天然に恵まれた水力圏で（中略）、然も是が永遠に尽きることなき天輿の富源であることを思えば」

さらに他の動力源に対する批評も厳しい。

「文明国に於ける動力資源は、石炭と石油と水力である。石炭と石油は調法であるが何れも限りある」

「独り水力は山と河と空気と降雨のある限り、永久不滅の宝庫として存在する」

「石炭や石油は戦争とか、ストライキとか色々の故障で採掘を中止することあり、運輸の杜絶することあり、また需給の繁閑で値段の高低がある（中略）。然るに水力ならば以上の総ての故障から解放されて、絶対に心配の必要なしと云うエマジェンシーの対応策として、平時大いに水力電気を開発して置くことが肝要」

桃介にとって、水力発電は、石炭や石油といった有限の動力源を使わなくてよいことが重要であった。水力発電は、日本に賦存する資源を活用しているに過ぎないところがポイントであり、それゆえに「平時において水力発電の開発を継続していくこと」が重要であるとしている。

桃介のこの言辞は、「平時において再生可能エネルギー開発を継続していくこと」と現代に置き直せないだろうか。

桃介は「外部不経済」を生じさせない事業を懸命に探し続けた。相場がゼロサムであるがゆえに、「無から有を」生み出すかのごとき水力事業には大変に興味をいだいたのである。

一方で、事業を継続することにより生きるものに被害を及ぼすことについては徹底的にこれを避けようとした。

この時期の産業勃興により、別子銅山をはじめ、労働者に過分な負担をかけ、また同時に周辺地域に公害をまき散らす可能性のある事業は多くあった。もちろん、利潤の高い事業であることに違いないが、そういった事業を桃介は好まなかったのではないだろうか。

福澤諭吉の精神を体現した桃介の人生

この後に続く松永安左ヱ門の項でも述べるが、桃介は一九一三年（大正二年）、名古屋電燈株式会社の取締役に就任。電力会社を合併し、大同電力株式会社を設立して社長に就くや、名古屋を拠点に木曽川水系の電力開発に着手する。日本初のダム式発電である大井発電所をはじめとして計七カ所の発電所を建設するなど、八面六臂の活躍を見せ、いつしか「電力王」と呼ばれるようになった。

桃介の実業家としての評価をさらに高からしめたのは、アメリカからの「シンジケートローン」の引出しに成功したことである。日本での長期借り入れが困難と見るや、すぐさまアメリカに飛び、ほとんど不可能と思われたシンジケートローンを実現させてしまったのである。このあたりは、日露戦争の軍費を、英国やアメリカでの外債募集で調達した明治の蔵相・高橋是清を彷彿とさせる。

桃介の遊興ぶりもまた、破天荒だ。日本の女優第一号といわれる川上貞奴、通称マダム貞奴との深い交情はよく知られるところだ。桃介と貞奴は公私にわたるパートナーとして晩年まで苦楽を共にしている。

桃介の実業界からの引退は一九二八年（昭和三年）。大同電力のその後の経営は盟友の松永安左ヱ門が担うことになる。

松永安左ヱ門と電力事業

さて、松永安左ヱ門である。

松永は、一八七五年（明治八年）、長崎県壱岐郡で生まれた。一八八九年（明治二二年）、慶應義塾に入学。その後、福澤諭吉の朝の日課となっていた散歩に同行する中で、生涯の盟友となる福澤桃介と邂逅を得たものと考えられる。しかし、在学中に壱岐の父が急逝、壱岐に戻り、実家の事業を整理することとなった。

一八九五年（明治二八年）、慶應義塾に復学するも中退、三井呉服店に入社したが、早々に辞め、その後日本銀行に入行。しかし宮仕えは性分に合わずと、一年ほどで退職。その後、丸三商会、福松商会などで働くが、いずれも福澤桃介との共同事業であった。

松永の電力事業への本格的進出は一九〇九年（明治四二年）、福博電気軌道を福澤桃介と設立したことに始まる。その後、福博電気軌道は合併を繰り返し、一九一二年（明治四五年）、九州電燈鉄道へと継承されていく。

この分野できわめて優れた業績を残されている橘川武郎教授によれば、松永はその後も九州電燈鉄道を中心に同業他社を吸収合併し、北九州における電気事業を手中に収めていった。前にも触れたが、福博電気軌道から九州電燈鉄道に至る過程で福澤桃介が経営に積極的に参加することはなかった。

松永は九州での電力事業を遂行する中で、その後の松永の電力事業経営の基盤となる考え方を確立させている。それは、

一　低料金・高サービスの利用者開拓主義を採用
二　水火併用方式の電源構成を追求
三　近代的な会計システムを導入

さらに電力事業運営のビジネスモデルの根幹的考え方として、次の四つを挙げている。

一　需要家重視の姿勢の徹底
二　水火併用方式に基づく電源開発
三　資金調達面での革新
四　調査・研究に裏打ちされた科学性・合理性の追求

後の東邦電力における「科学的経営」とはまさにこのビジネスモデルを意味している。

松永はこの後、福澤が経営する名古屋電燈が関西水力電気と合併し関西電気となるに際して、混乱する名古屋電燈の再建にあたる。一九二二（大正一一）年には、九州電燈鉄道と関西電気が合併し東邦電力となる。松永はこの東邦電力を中心に電力事業の経営者として他に類を見ない活躍ぶりを見せることになる。

松永の目線は、一つの企業、一つの業界の利益ではなく、公共の利益の増進をはかることを見据えている。「最高の技術的・資本的能率による廉価・安定電力の供給を実現する」（松永ミッション）ことを標榜し、欧米の先進事例の広範かつ緻密な調査研究と実務の知見に基づいて、自らの電力業界統制案を導き出している。そのスキームは、見事に合理的で、示唆に富むものである。

松永安左エ門の提案になる「超電力連系」

超電力連系（スーパーパワーシステム）

松永の調査研究活動の推進は、松永が東邦電力の経営者となる一九二二年（大正一一年）から始まる。同年、東邦電力で臨時調査部（同年調査部として常設化）を設け、松永が初代部長となり、以後活動をリードする。

同調査部による多くの調査研究の中でも、松永の電気事業運営についての考えの基礎をなしたものは、超電力連系（スーパーパワーシステム）の調査研究であった。

松永は、米国で超電力連系の提案を行っていた「ムレー委員会報告書」に接し、「実に驚くべき勇断なりと言わざるを得ない」との賛辞を贈り、日本での超電力連系の実現に奔走する。
松永は一九二三年（大正一二年）、東邦電力調査部より福田論文「Super Power System and Frequency Unification in Japan」（1923）を内外に発表し、日本における超電力連系実現に向けた提案を行っている。以下は『東邦電力史』に記されたその概要である。

連系地域は、（前ページ図のごとく）、福島・新潟両県から兵庫県に至る地域とする。この地域内には京浜・中京および京阪神の大需要地を含む。地域内供給力キロワット数は一一〇万キロワットとし、さらに、補給用汽力発電力三〇万キロワットを新たに設置する。送電電圧は二二〇キロボルトとする。
周波数については、日本の状況は関東地方は主として五〇サイクル（ヘルツ）、関西・中国地方は六〇サイクル、九州は両方が半分ずつ。当該連系地域で、一九二二年（大正一二年）末現在の施設を基礎とする計算では、六〇サイクルへの統一には、三五〇〇万円を要し、五〇サイクルへの統一には五四〇〇万円を要することから、周波数は六〇サイクルに統一するものとする。

福田論文では、全三一ページ中の約半分程度を周波数統一の計算に割いており、周波数統一は、その問題解決が超電力連系実現上の重要事項としていることが分かる。

一　連系エリアについて

わが国最大の負荷地である京浜、名古屋、京阪神を連ねる大送電線を建設し、東は福島、群馬、長野の水力を、中部においては富山、岐阜、愛知、静岡、福井の諸川を結び、火力は常磐炭田の発電所と東京湾、伊勢湾、大阪湾に建設連系する。

二　管理組織について

連系する全ての送電線と一次変電所を管理する一つの機関を設けて、電力の配給をここで行う。関係各地の電気事業者は全てこの機関の中で網羅する。水力・火力設備、送電線路の拡張等は最も経済的にできるようにする。

三　運用について

地方に各電力販売業者間プールを組成し、各社電力の過不足の調整と能率がいい発電所の第一使用を組織的に達成し、更に他地域のプールと連系させて遂次その目的に向かう。結果、利用厚生（人々の生活の充実）を完全に達成させる。

四　周波数（ヘルツ）統一について

日本の状況は関東地方は主として五〇ヘルツ、関西・中国地方は六〇ヘルツ、九州は両方が半分ずつ。結論として六〇ヘルツへの統一が最も廉価である。

大日本送電株式会社の設立構想

松永は一九二四年（大正一三年）、超電力連系を実現するため大日本送電株式会社（創立委員長福澤桃介）の創立案を発表した。

同社は福島県から兵庫県に至る二二万V送電幹線を建設し、電力を発電会社から購入し、大需要地においてその他の電気事業者または大口需要者に販売することを業務内容とした、いわば送電専門会社である。

同年、東邦電力と大同電力が共同で設立の出願を行ったが、出願に際して松永は、大電力会社首脳や財界人に働きかけ協力を仰いだが、支持が得られずに終わった。当時の五大電力会社は東京電燈、東邦電力、大同電力、日本電力、宇治川電気の五社。松永は東邦電力の社長、福澤は大同電力の社長であったので、五大電力全てに協力を仰いだのである。

『東邦電力史』によれば、松永が実現を目指した大日本送電株式会社の設立構想が実現しなかった背景には、時節的要因がある。この構想は当時の日本における電気事業および財界の時流と見識とを超えたものであり、たまたま関東大震災後の財界は混乱状態にあったため、監督官庁はじめ一般財界の理解を得ることができる環境ではなかった。松永のこの構想は幻に終わったのである。

超電力連系のコンセプトと英国グリッドシステム

松永が実現を目指した超電力連系（スーパーパワーシステム）は、今日イギリスにおいて新たな競争システムの導入に用いられているグリッドシステム（送電ネットワーク）と形態が類似している。松永には調査研究を基礎に本質を洞察する能力があった。

イギリス・グリッドシステムは、新たな電力自由化・競争導入の形態として注目されているものである。両者において共通するコンセプトは、「グリッド（送電ネットワーク）により発電施設を連系し、生産において資源の有効活用と高い生産能率を達成し、廉価な電力価格を実現する」というものである。

一方、松永の提案モデルの骨子は次のようなものである。

事業者間の協力によるグリッドを管理する委員会が、発電単価の低い電力から順に使用していくように発電・配給方法を決定し、設備の拡張は最も経済的にできるように決定し散荷率を高からしめる（「散荷率」については後述する）。

設備拡張の決定に関しては、需給状況が逼迫するときは、加入会社は各自が有する発電計画をもちより、その中から配電原価の最低のものを選定して、その会社に建設させる。

松永は後に、この組織を供給の安全と原価の低下を達成するための一種の生産カルテルだとしている。

イギリス・グリッドシステムと松永提唱モデルはグリッドを共有するところで共通するが、経済効率性を達成する取引手段が違う。イギリス・グリッドシステムは競争による市場取引を用いるが、松永提唱モデルは生産カルテルによる取引を用いようとしている。

なぜ松永は、競争ではなく生産カルテルで経済効率性を達成しうると考えたのであろうか。それは当時の技術進歩の状況が関係している。当時の発電方法は限られ、技術革新のスピードもそれほど速くはなく、競争によって、より高能率の技術開発が促進されることを期待する余地は小さかった。むしろ協調によって限定された大型発電設備を連系運用して「散荷率」を高めることが期待された。競争か生産カルテルかについては技術進歩の状況とからみ、今日の電力供給体制のポイントともいえる。なお「散荷率」とは、①最大負荷の時間帯や時期が異なる各発電所の連系をはかり（固定費削減）、②各発電所中の変動費が低い発電所から順次電力を供給するように負荷を分配すること（変動費削減）により得られる利益のことである。

①の固定費削減のしくみはこうである。いくつかの区域の電力需要のピーク合計が一〇〇万キロワットだった場合、各区域のピーク時間帯・時期に違いがあることに着目し、各区域電源の連系をはかり系統運用することにより、八〇万キロワットの設備で済ますことが可能となる。二〇万キロワット分の設備投資が削減され、この場合の散荷率は一・二五となる（一〇〇万キロワット／八〇万キロワット＝一・二五）。（出弟二郎氏著書、一九三一年刊による）

しかしながら、松永の超電力連系の試みは、同業経営者、財界の賛同を得ることができず、大日本送電株式会社の失敗をもって幕を閉じた。もし、大日本送電株式会社の構想が五大電力の賛同を得ていたならば、日本版グリッドシステムが誕生していたことになる。そして、その場合、松永の提案のごとく東西の周波数相違の解消へと進んだ可能性がある。周波数統一は、変更を要する発電施設の数が少ないほうがその分スイッチングコストが低くなる。時代を追って需要が伸びていくので、時代が早ければ早いほどコストをかけずに統一することが可能であった。しかし松永はその賛同を得ることができなかったのである。

大日本送電株式会社の失敗の後も、松永は超電力連系の実現を諦めていない。四年後の一九二八年（昭和三年）、松永は戦後の九電力体制の統制の基礎ともなった『電力統制私見』を発表するが、そこにも超電力連系の計画は一つの重大な指針として引き継がれていく。そして、『電力統制私見』の中には、超電力連系への賛同を得ることができなかった失敗を克服するための方法が盛り込まれることになる。

『電力統制私見』の発表

しかし、この電力統制構想について、松永安左ヱ門と福澤桃介はまるで「逆様」ともいえる主張をする。

松永は「民営、発送配電一貫経営、水火併用方式」を提唱したのに対し、桃介は「国営、発送電と配電の分離、水力中心主義」を主張したのである。水力中心主義で、多額の建設費を要する水力発電を中心に考えた福澤桃介が資金調達面での難しさを考え、国営を主張するのはごく自然なことであり、この考え方が戦中、戦後における電力の国家統制の理論的バックボーンとなる。

一方で、電力統制構想に対する松永の考え方は前述の『電力統制私見』に次のように示されている。

●統制案

㈠公益事業として電気供給事業は、原則として供給区域内独占たるべきこと、すなわち一区域一会社主義たるべきこと。

㈡発電会社は小売会社に集業せしめ、需給の間に食い違いを起こし、会社の利害異なるため、競争を惹起する弊源を断つべきこと（立体的統制による自給自足）。

㈢一地域の統制成れば、過不足の調整、火力予備の共通のため、他地域と連絡を取ること（水平統制）。

㈣地域を北海道・東北・関東・北陸・東海・関西・中国・四国・九州にわかつ。地域内小売会社は合併せしむること。ただし合併困難なる小売業者間は、生産プールを設くること。

㈤官営・市営による電気の需要はその地域内の小売会社より購入して全電力の負荷率・散荷率を向上せしめ、能率の発揮により、国費を省約すること。

●監督案

㈠すでに独占を原則とする以上、現在の技術的監督のほか、会社の内容に立ち入り、その財政営業を厳しく監督すべきこと。

㈡料金は許可制度とすべきこと。

㈢工事行政の統一を図るべきこと。

①一定の小売区域を有せざる事業者に発電着手を許さざること。ただし自家用発電はその種類および容量により規定をもって許可すること。

②（割愛）

③（割愛）

④公益委員会を常設し、監督諮問機関たらしむること。

この『電力統制私見』が、戦後の九電力体制に繋がっていくことになる。

「超電力連系」から「電力統制私見」へ

『電力統制私見』では、松永が主張してきた超電力連系は、「水平的統制」と表現され、さらに超電力連系の主張に加えて、次の二つの指針が新たに掲げられた。

一　独占たる事：電力供給事業は原則として一区域一会社主義の地域独占とすること。

二　発電小売集業の事：その地域の発電会社と小売会社を合併させるという立体的統制。

松永がこの「卸電力と小売電力の合併と一区域一会社主義の地域独占」を加えた意図は何であろうか？

松永は「合同の第一歩は横の合同（水平統制）ではなく縦の合同（垂直統制）でなければならぬ」としている。その背景には一九二三〜一九三一年まで繰り広げられた五大電力による需要家の争奪戦がある。

松永が問題視したのは、五大電力の内の卸売電力会社二社、大同電力と日本電力が小売電力会社三社の東京電燈、東邦電力、宇治川電気に対して仕掛けた戦いである。電力の需要に対し供給が過多になると直接顧客を持たない卸売電力会社が大口需要家に営業をかけていく。「競争がいやなら電力を高く買えと言うのだから始末が悪い。小売会社が高い電力を買って、それを持て余すことになってくる」。松永はこの卸電力会社が川下に展開していく様を「L」字を使って、「上から流れて来て余るから溢れて横に広がる」と説明する。

卸売と小売が合体して同一の形態の下に調整されない限り、卸売電力が無計画に発電施設をつくり、それを小売電力に買わせる構図がいつまでたっても解決しない。まずは、余剰電力を無統制に生んでしまう二重投資を防ぐことが先決事項と松永は考えたのだ。

超電力連系の目的は散荷率の向上や、変動費の廉価な電力から生産させていく生産効率追求であるが、そのためにもまずは垂直統制を先行させるのが望ましいという主張である。

立体的統制の後に水平的統制

「垂直式の合同が出来れば、ちょうどピラミッドのようなものが出来る。東京は東京電燈、名古屋付近は東邦、大阪付近は京都電燈なり、宇治川電気なりを中心としたピラミッド形が出来る。上には水力・火力を置き、下には小売が控えている、そうしてそのピラミッドの上の方に相互に連絡する線ができれば良いわけです。これが電力の連系であります。それが一方で足らぬ場合には、他の方から持ってくる。そういう具合にすれば、三角の頭はつぶれて共通になり、ここにおいて電力の無駄がなくなってしまうということになる」（『松永安左ヱ門著作集』より）

松永は、九電力の地域独占体制をつくり、その後に、超電力連系を実現しようと目論んだのである。立体的統制は卸電力と小売電力の合併を意味し、地域独占は小売電力間でのいわば市場の相互不可侵カルテルである。これにより企業間の協調と互助を促せる安定状態がつくり出せる。それを達成した後で、超電力連系の生産カルテルに発展させるという考えである。

これは大日本送電株式会社構想の失敗の経験をふまえ、実現可能性を高めた実践的な方法論といえよう。

一九二四年（大正一三年）の大日本送電株式会社設立時に超電力連系が実現していた場合と、一九二八年（昭和三年）『電力統制私見』の立体的統制後に想定されている超電力連系での違いは、卸電力二社が小売側三社のどこかと合併する前に超電力連系に参加するのか、合併した後（垂直統制後）に参加するのかの違いであり、いずれにしても卸電力二社が所有する大規模発電設備は超電力連系の生産カルテルに参加することになるので、超電力連系によってもたらされる効果に違いはない。

以上のように、『電力統制私見』に至って、松永は達成の方法論を変えながら依然として超電力連系の実現のゴールを見据えている。

大合同ではなく部分的合同

五大電力が一つに合併（大合同）する別の統制案もあったが、松永はこれに反対している。その理由の一つは、大合同の場合、日本中枢の工業地帯を一手に占め、何か特別の法律でも設けないと力が強くなりすぎること。二つは、放漫な経営者が職に就いてしまった場合、始末に負えなくなることである。

一つに合併する大合同の方法ならば、部分的合同よりもネットワークの統制力が増すので、超電力連系の実現は容易かつ能率的になるとも考えられるが、松永は、一つに合併する大合同の場合、この唯一の巨大な独占企業が私益優先に走ってしまったり、経営に失敗した場合、公益に与える損害が甚大になる危険を指摘している。部分的合同による地域独占ならば、各地域独占企業は同一市場での直接的競争は行わないものの、地域独占企業どうしの市場を越えた競争（ヤードスティック競争）が期待できるというのである。

「電力統制私見」から戦後の電気事業再編成へ

実は、戦後の電気事業再編成は、この松永の考え方が基本的に踏襲されている。前出の橘川教授によると、再編成後の電力供給システムのポイントは次の四つである。

一　民有・民営
二　発送電と配電を垂直統合（発送配電一貫の九電力体制）
三　地域別九分割
四　地域独占

松永は最終顧客のニーズに対し的確に電力供給を実施していこうとする。それゆえに、「発電部分」と「配電部分」における需給調整の機能は、送電部分を持ちつつ「自社内で、経営者の才覚によって」実施されるのが最も効率的であると考えた。

発送電の一部でも官営あるいは政府が介入する福澤桃介方式を取った場合、とくに送電部分は電力システムの分配機能を政府が持つことになる。この分配機能を政府が効率的に実施できるかについて、松永は強い疑念を投げかけている。

電力供給が圧倒的に不足している中にあっては、需給調整と分配を政府介入あるいは官営によって実施するという選択肢は是認されやすい。

しかしながら、需要と供給のメカニズム、すなわち、電力の需給調整を政府介入あるいは官営の中で実施しうると考えるのは、最終ユーザーの需要曲線をすべて把握できているかの計画経済の考え方そのものであり、トータルとして俯瞰した場合には、発電部分にも電力供給システム全体にも非効率が発生すると松永は考えたのである。むしろ、発電部分を配電部分の先にある最終顧客のニーズに合わせようとする需給調整の努力は「民間の経営者の才覚に」委ねられることの方が効率的であると。それこそ、企業化精神であると。

水火併用方式という電力供給システムも、需給調整を最も効率的に実施する方法として松永により自ら考えぬかれたものである。

発送配電分離については、そもそもそれぞれの部分を民間において切り分けたとしても、たとえば、配電部門が最終顧客へ配賦する値段と送電部門から下される値段の間に逆ザヤが生じるような可能性も十分にある。米国カリフォルニア州電力危機での停電の遠因ともいわれている。

カリフォルニア州電力危機とは、カリフォルニア州での電力自由化後、二〇〇〇〜二〇〇一年にかけて電力の需給逼迫が続き、大規模停電が発生するとともに電力二社の経営が悪化した。要因として取引市場の設計に問題があったとされる。事業者に長期供給力確保のインセンティブが働かず、卸売市場では、発電事業者の戦略的行動（意図的供給力削減が疑われている）により価格が吊り上げられ、一方、小売価格は規制されているため逆ザヤが生じ、電力二社の経営悪化に繋がった。

配電部分の顧客獲得競争が激しく生じている環境では、発送配電分離では需給調整ができずに、最終的に電力の安定的供給が杜絶する可能性がある。

現実に他の業種でも不都合な事例が散見される。たとえば「通信」を例に引くと、地域網と長距離網を分けた場合にあっても、通信網への他社接続が生じることとなるが、その接続行政をつかさどる省庁と民間との間に絶え間ない接続ルールに関する交渉が発生することとなり、その行政コストは膨大なものとなっている。

また、鉄道のケースにあっても、英国の鉄道事業が鉄道とレールを分離することにより最終顧客へのサービスが希薄化し、「上下分離（機能分離）」という分離方法については失敗の可能性が高いと考えられている。私が関わった国鉄の分割民営化も地域分割されたところに効果が発揮されたのである。

松永の経営論にはとかく官僚嫌いがあるといわれ、それだけが発送電分離の反対の論拠のように思われがちだが、「発送電分離」に関する松永の主張には、あくまでも最も効率的な電力供給の仕組みはどのようにあるべきかが問われ、それには民間の経営者の自律的な決断に依らざるをえないという判断があったと考えられる。

米国カリフォルニア州での事例などは電力自由化の暗部であるが、送電部分が市場としての役割を果たせない中で、ルールを明確にしないまま自由化すれば混乱が生じる典型例であったともいえる。その意味では、松永自身が発送配電一貫体制を主張し、電力供給の効率性と安定性を考えて政府関与を一貫して否定し続けたのには、当時の電力事情を考えてみれば十分に意味があったといえよう。

独占公益事業の監督

加えて松永は、電気事業の監督を厳重にすべしと強く主張している。その理由は「電気事業が公益事業たるため独占を可とする以上、よし民間自由企業なるにもせよ、その奉仕の完全なるを励行すべきにつき、政府は公衆を代表して国家的にこれを監督すべきは当然である」というものだ。

監督は政府の役割としながらも、「公益事業委員会」を常設し、監督機関たらしめ、その委員メンバーは中央政府の政治家・官僚を排除し（市長、村長は候補として入れている）、民間と地方自治体の自治とさせている。

松永はその理由を、政治が実業に介入し、官僚が「常規に促はれ、誤る」ために実効を挙げられないこと。その結果、民間自由企業の精神を萎縮させ、発達を阻害すること。また、種々の利権を伴う独占事業は政党対立の弊害をかぶるとして、政治と事業に関係ない民間の委員を選出するとしている。

松永は常設される公益事業委員会による監督を、公衆を代表することから政府の役割とせざるをえないが、ここに政治と行政が企業経営に介入してくる危険を認識し、それを排除するため、委員の選定条件を民間と地方自治体に限定したのである。

さらに松永は、監督は技術的監督のほかにも、会社の内容に立ち入り、その財政営業を厳しく監督することとし、その監督の範囲を、会計、財務、営業、技術の経営全般としている。

松永は、公益事業委員会に、各社の技術のみならず経営全般を監督させることで、競争の実効性を強力に担保することを考えたのだと思われる。つまり、すでに松永が率いる東邦電力という科学的経営を実施している企業が存在し、ここで実現する会計、財務、営業、技術の分野での経営ベストプラクティスを、他社に適用していくことにより、個々の企業の経営能率を引き上げ、最も効率的な産業構造を実現することが可能となる。松永はおそらくそのように考えたのであろう。そう想定すると、松永にとって公益事業委員会の監督範囲を経営全般とすることは重要なポイントだったといえよう。

潰された「公益事業委員会」構想

公益事業委員会設立の背景には、電力事業が「規模の経済性」を有し、典型的に自然独占を生じる事業となるおそれがあると松永が考えていたことがある。事実として、わが国においても一九二〇年代、電力戦と呼ばれる設備投資競争に陥り、自然と地域ごとには電力会社が再編されてきた。

自然独占を生じる事業において適正な価格の決定は難しい。独占であるがゆえに独占価格が提供されることもあり、その価格の適正性を地域の公益事業委員会に委ねようとしたのだ。

松永は米国型の地域に存在する公益事業委員会を志向したものと考えられるが、一九五一年（昭和二六年）の電力再編後に、この公益事業委員会は通商産業省の圧力によって潰されてしまった。そういう意味では、厳しい表現をすれば、この段階で独占の悪弊が発生する可能性を完全に排除することはできなかったといえよう。

価格に関する監視が効かないなか、独占の弊害は企業家精神が発露されないことである。電力の「効率的、かつ安定的な」供給システムをつくり上げた松永であったが、独占の弊害を防止する仕組みを完全に内包することが難しいなか、戦後はむしろ、「安定的に」供給を行うという点に大きく重要性が移る仕組みとなっていく。

わが国においては、経済産業省資源エネルギー庁が電力会社を管理する仕組みとなっているが、米国型の公益事業委員会を併存させることは、規制機関の間を競争的にすることによって、規制（価格）が地域あるいは国民に公正に働くという流れを、行政機構の中に担保することができたかもしれない。

さらに米国においては、地域ごとの公益事業委員会に加え、裁判所などが加わり、原子力発電の設置の妥当性を検証している。

独占の弊害を政治プロセスの中で低減させようと思えば、それが継続的に維持されていくような行政機構の形態を国民が選択する仕組みを内包していくことが、より重要となる。

「電力統制私見」の実現

さて、松永の超電力連系構想は戦後どのように具体化されていったのか。

最も国家の介入を受けやすい電力事業で、あえて「民間自立」を目指した松永は国家による電力管理に命がけで反対する。しかし戦時体制が深まる一九三八年（昭和一三年）、電力国家管理三法の成立で「日本発送電」が設立され、事実上の国家管理が敷かれる。民営による安価・安定的な電力供給という松永の理想はあえなくついえるのである。

しかし、戦時中に息をひそめていた松永の電力民営化の精神は戦後再びよみがえることになる。

戦後GHQ（連合国軍最高司令官総司令部）は、財閥解体の対象に「日本発送電」を加え、同社は分割必至となった。このとき松永は電気事業再編成審議会会長に就任し、「日本発送電」を残そうとする勢力と対峙する形で「九ブロック案」を提示、反対を押し切って実現させる。

こうして現在の九電力体制ができあがるのだが、当時の松永の胆力はまさに、「電力の鬼」の面目躍如たるものがある。

さてそこで、松永が追い求めてやまなかった肝心の電力連系のほうは戦後どうなっていたか。戦前には、電力プール設備の建設が電力連盟設立（一九三二年・昭和七年）に向けての協調体制下で始まっていた。戦後は、東西周波数統一は成されなかったものの、いわゆる「広域運営」が九電力会社と電源開発の十社の協力によって進められた結果、大規模送電連系が可能なグリッドのインフラがつくり上げられた。

しかし、「ヤードスティック競争＋公益事業委員会（松永案）」による効率的産業構造創出の方程式は、経営ベストプラクティスを追求し実現する企業の存在があって初めて有効に機能する。

その点はどうなのだろうか。

そこは実際に、松永の薫陶を受けた人物が戦後も電力各社の経営者となっており、「石油危機以前の日本の電力会社は、個性的で活力ある経営をしばしば展開した」とみることができる。それを「松永安左ヱ門魂の発揮」と橘川教授は評価する。

このように、業界内の一社でも経営ベストプラクティスを目指し、「松永安左ヱ門魂」を発揮する会社があれば、ヤードスティック競争は機能する。

しかし、やがてそのような活気は失われ、業界横並びの意識へと変貌していく。史実は、松永という特異な「電力の鬼」の存在によりこの方程式は有効に機能し、松永の存在を失うと機能しなくなったことを示している。

松永が意図した公益事業委員会が存在し続けていたならば、「電力の鬼」の機能を果たしえたかどうかは歴史によって試されていない。

ここで、松永の限界についてもふれておく。以下は静岡新聞の「論壇」に寄稿した一文の抜粋である。

今の日本は、発電・送電・配電が垂直統合された独占もしくは国営＝途上国型モデルといわれている。アメリカは伝統的な電力業の産業組織が崩れ、発電所を持つ電力会社が競争的な卸売電力市場に電力を供給することで収益を得るという「競争的モデル＝先進国型」に移行の最中である。垂直統合がなされ、しかも地域独占が実現している十電力会社体制（いわゆる松永翁モデル）によって電力業を運営している日本の場合には、コスト・オーバーランが発生しても、電力料金を規制する立場の政府が料金の上乗せを認めればよいだけの話であるから、電力事業者は原発に伴う不確実性リスクにさほど注意を払う必要はなかった。つまり、日本の電力会社は国有ではないが、「原子力政策の促進」という国策を遂行していることは市場の認識しているところとなっている。「民営」である日本の電力会社が単なる「国策」遂行会社に成り下がることになんの抵抗もないのだろうか。

地域独占体制が、やがて「民営」企業として成果を競い合い、公益企業として安価かつ安定的な電力供給を実現していく気概を失っていく。今になって考えてみると、この点だけは松永が見通すことができなかった負の遺産であるといえる。

市場の力はいま世界に広がりを見せている。その物量主義と市場主義との争いは、国営主義を導入した中途半端な市場主義では、勝ち抜けない。国策民営など日本経済にとって迷惑千万だ。

「民間自立」「社会貢献」「和魂洋才」の教え

さて最後に、福澤諭吉山脈の中における福澤桃介と松永安左ヱ門の位置を再確認して本章のまとめとする。

ふたりには、同じく電力事業を経営する立場にあっても、共通の考え方と異なる考え方があった。

現在の日本が抱える電力にかかわる課題にあっても、福澤桃介が「発送電分離」、松永安左ヱ門が「発送電一貫」と両者には一見一八〇度異なる考え方が存在していた。

その背景には、電力事業に対する経営上の考え方があることは間違いない。福澤桃介にとっては、水力発電の効率的運用が最も重要なことであり、送配電部分等のコストが膨大にかかり、民間事業ではとても不可能と思われるレイヤーを分離の上、やむを得ず政府に委ねることはごく自然なことであったであろう。むしろ、日本に賦存する有効な資源をいかに活用するか？　自分自身が勝ち続けたゼロサム世界の相場に対して、無から有を生み出すかのごとくである水力中心の電力事業を体現していくことが一つの理想であった。

電力事業は費用逓減産業と言われ、経済学が純粋に導き出してしまうこういったことを名目にして政府の介入が積極化される傾向にある。

松永はなぜ、発送電分離を嫌い、発送電一貫をそれほどまでに貫こうとしたのか？

松永にとっての電力事業は、水火両用方式を活用しつつ、電力の需給を季節性にも配慮しながら、適切に調整していくことであった。いつでもどんな季節でも安定的に低コストで供給できるような電力は存在しないという前提の中で、それをいかに組み合わせながら、必要なところに電力を送り続けること。それが松永にとっての電力経営の基盤であった。

顧客の需要とその供給を電力会社自身の判断でマッチさせていくことこそ、電力事業の本質と考えており、また同時にもちろん、レイヤーごとの個別の取引に政府が介入することなど不要と考え、失敗すると考えていたのである。

地域独占にした場合、もちろん、その弊害はある（それに対してはきちんと対処はする）ものの、レイヤーに（すなわち民間の一つ一つの取引に）政府が介入することにくらべればはるかに良いと考え、また一度でも少しでも介入を始めることで鉄が腐敗するかのごとく徐々に経営の自主性が失われていくことを最も恐れていたと考えられる。

ＮＴＴのように持株会社方式による分割方式によって内部相互補助を残存させれば、各社の経営の自主性がなくなるであろう。レイヤーを機能的に分割して接続料金等を公正かどうかを所管官庁との間で取り決める。いずれも、松永には理解できなかったのではないか？

国鉄の分割民営化が経営の自主性を回復したのは地域分割を実現したことによる。自社の顧客を意識し、それに対して自主性を持って問題解決にあたる。企業家精神を発露させることの要件として「所有権の確定」があると考えるゆえんである。上手い制度設計によって企業家精神は生まれるものではない。一人ひとりの顧客に対して責任をもって対応することに自社の経営にとって最も意味があるということである。

明治の富国強兵政策の中にあって、公害の可能性のある事業を選択せず、その永続性に疑念を感じた福澤桃介は事業はつねに「社会貢献」を伴うものでなければならぬと考えた。一方、松永は「民間自立」の精神で自主的な電力事業を創生することに命を燃やしたのであろう。そして両者ともに科学的な経営を好み海外調査に余念がなかった。これこそ「和魂洋才」といえないか？　この「民間自立」「社会貢献」「和魂洋才」こそ福澤山脈を流れる揺るぎなき精神である。

第3章

原子力政策と公共選択論

電力王・福澤桃介と電力の鬼・松永安左ヱ門の福澤山脈由来の理念と理想は、戦後どうなっていったのか。

桃介に後を託された松永は一九七一年（昭和四六年）、九五歳で大往生をとげるまで、電力業界を超えて日本の経済界・産業界に対して、実に精力的に提言を発信し続けた。

一九五六年（昭和三一年）には政財学官のトップをあつめて「産業計画会議」を主宰、一六の勧告を行っているが、その中には、「国鉄は日本輸送会社に脱皮」「専売制度廃止」「東京湾横断堤」など、十数年後に実現する改革プロジェクトを謳っていることは瞠目に値する。まさに「民間自立」の精神に最後まで貫かれている。

福島の原発事故後、東京電力の一部国有化案や発送電分離案などが出てきているが、松永ならこれをどう考えただろうか。

原発は松永安左ヱ門が抗い続けた「国策」として推し進められてきた。電力会社には松永の大嫌いな「役人」が多数、天下っていることも明らかになっている。東電が国の言いなりになって悲惨きわまりない人災事故を起こしたことは明らかである。どうみても、福島の原発事故は、松永が追い求めた「電力の民間自立」とはかけ離れたところで起きてしまったと言わざるをえない。

ここからは、戦後の原子力発電が、わが国の電力事業をけん引してきた福澤桃介と松永安左ヱ門の精神となぜかけ離れてしまったのかについて検証する。

国策として推進されてきた原子力政策

戦後の原子力政策の立案・実施について、政治家、官僚、原子力事業者、電力業界は、どのような行動をとったのか。さらにその教訓はなんなのか、そうした轍を再びふまないためには、何が必要なのかを「公共選択論」の立場から論を進めよう。

わが国では、敗戦後から、連合国軍占領期には原子力研究が禁止され、一九五二年（昭和二七年）のサンフランシスコ平和条約発効後も目立った動きはなかった。一九五四年（昭和二九年）、中曽根康弘議員らによる原子力予算提出を契機に本格的な取組が開始され、一九五六年には、原子力政策の策定・実施体制が確立された。その後原子力発電（電気事業用）は、次の通り着実な増加を示した。

一九六六年　日本初の原発、日本原子力発電東海一号機稼働（すでに廃止）
一九七〇年　同敦賀一号機稼働。最初の商業用軽水炉
一九七〇年代　二〇基

一九八〇年代　一六基
一九九〇年代　一五基
二〇〇〇年代　五基

わが国の電源構成に占める原子力発電比率は、一九七〇年度一・六%、一九八〇年度一六・九%、一九九〇年度二七・三%、二〇〇〇年度三四・三%、二〇一〇年度二八・六%と推移したが、震災後の二〇一一年十二月には七・四%まで低下した。

日本の原子力政策の特徴を要言すると、「国家安全保障の基盤維持のために先進的な核技術・核産業を国内に保持する」というものであり、これが「不動の政治的前提」となった。原発は国是・国策として、これまで拡大推進されてきたのである。

この国是・国策として推進されてきた原子力政策は果たして正しかったのだろうか？ 答えは否である。

電力会社が正しい会計をすれば現れてくる発電コスト、原発推進のための財政支出としての国民負担コスト、福島原発事故のような惨事が発生した場合の補償コストを勘案した場合、原発はあまりに危険であり、国民にとってコストが高すぎる。

松永は、原発に関しては経済的採算が合うことが確認できるまで行うべきではないと明言しているが、このスタンスは民間の営利企業にとっては自明の理である。この自明の理が歪曲されながら今日まで原子力政策が推進されているのは、まさに国策の失敗といわざるをえない。

慶應義塾大学経済学部の竹森俊平教授によれば、松永は、「産業計画会議 第一四回レコメンデーション『原子力政策に提言』（一九六五年）」のなかで、次のように話している。

「長期的な将来において原子力が必要だからといって、短期的な必要がないにも拘らず現在、商業用発電炉を採算上の不利を容認して導入するならば短期的には勿論長期的な観点から見ても大きな誤りをおかすことになる」

ではなぜ国策、政府の政策が失敗するのか？　賢人政治を前提とする従来の新古典派(厚生) 経済学からは明快な解答は得られない。

こうした政治的決定の分析に有効なのが経済学の一分野である「公共選択論＝パブリックチョイス」である。「公共選択論」は、一九八六年にノーベル経済学賞を受賞した米国の経済学者ジェームズ・M・ブキャナン（一九一九年〜二〇一三年）が提唱したものであるが、その詳細は『入門 公共選択─政治の経済学』（二〇〇五年・加藤寛監修・勁草書房）

を参照していただきたい。

以下、公共選択論のフレームワークを説明しながら、戦後の電力政策を公共選択のツールを使いながら分析してみよう。

公共選択論のフレームワーク

従来の経済学では、市場が失敗する場合に、政治が市場に介入する必要があり、政治に委ねられた後はうまく対処されると想定されている。これは「ハーヴェイロードの前提」といわれる。

公共選択論では、そうした考えをとらない。その違いを「ハーヴェイロードの前提は正しいか」という疑問文を置いて説明する。財政政策の有効性を説いたイギリスの経済学者ケインズは、ケンブリッジのハーヴェイロードに住んでいた。ケインズ派の学者は、経済政策は、無私で少数の経済に明るい賢人たちによって立案・実行される、またされるべきと考えた。つまりハーヴェイロードに住む賢人学者たちが正しい政策さえ考えれば、政策は正しく立案され実行されるという前提を自明のものとした。

一方、公共選択論では、政治プロセスの各プレーヤーを利己的利益を極大化する「合理的個人」と想定する。つまり、各プレーヤーは自分自身の効用の極大化をはかる個人とするのである。

その場合、政治プロセスでの政治家（政党）、官僚、企業（産業）、投票者の利己的利益の追求の結果、「政治は正しく立案され実行される」とは限らない。

政治家（政党）、官僚、企業（産業）、投票者の利己的利益とは

政治家は当選することで、あるいは政権を獲得することで手にできる所得、名声、権力を追求する。そのため、選挙において得票ないし支持率を最大にするような行動をとる。政権の座にある政党ないし現職の代議員は、選任期間中に再選を目指し、数多くの投票者を引き付けて支持率を高めるような政策あるいは公共サービスを提供しようとする。

官僚は給与、昇格、威信、許認可権などの大きさに依存し、これらの要素は所属機関が獲得できる予算規模とともに増大すると考えられる。従って、官僚は自分が所属する機関の予算規模を最大にするように行動する。

企業ないしその集団としての産業は、自らの私的利益を追求するために政府機構を利用しようとする誘因をもつ。企業が政治プロセスに働きかけ政治権益を獲得しようとする行

動は、利潤最大化行動なり経営者自身の効用最大化行動と合致する。政治的権益としては、公共サービスの受注、補助金の受領、競争相手の参入規制などがあげられよう。

投票者は、自分に最大の公的便宜を提供できる政治家を選ぶことで効用を最大化する。公的便宜とは、行政手続きに暗いひとびとにその情報を提供したり、公共事業や補助金などを選挙区により多くもたらすような政治家の提供するサービスのことである。

鉄のトライアングルの形成

政治プロセスで各プレーヤーが自らの利己的利益を最大化しようとする結果、企業（産業）が追求する政治的権益をめぐって政治家（政党）、官僚、企業（産業）三者の結託が始まる。

選挙に勝つことを第一と考えて得票最大化を目指す政治家にとって、資金力・集票力をもつ企業（産業）の支持を得ることは非常に大きな魅力である。そこで政治家は官僚にも働きかけて、資金力・集票力に見合った政治的権益を企業に提供するように努める。官僚にとっても、政治的権益の膨張は所属機関の拡大につながるので、それを後押しする。

また、政治家を通さず直接に企業（産業）と官僚が結びつく場合もある。この結託はわが国では、「行政指導」「天下り」という言葉で表現されたりする。日本の官僚は歴史的に見ても大きな権限をもち政府機構を動かしうる政治的な力を保持してきているともいわれている。こうした権限をもつ官僚に直接陳情し規制（許認可）を受けることで、企業は政治的権益なり公的便宜を最大限獲得しようとする。

世俗的な表現でいえば、「天下り」により企業は官僚とのパイプを太くでき、一方の官僚にとっても退官後のポストを単に確保できるということだけでなく、次のようなメリットをもたらす。第一に、官庁の仕事の下請けを有効にさせることができる。第二に、予算や交際費などの弾力的運用が可能である。第三に、民間をコントロールすることが可能になる。第四に、政界に高級官僚が出馬する場合の支持団体をつくることにもなる。

かくて、企業（産業）、官僚、政治家が連携し結合して「鉄のトライアングル」が形成される。「鉄のトライアングル」の関係性の中で、三者は、市場を通さずに政治的な決定によって、自らに有利な「レント（実際に市場が決めるよりも多い利潤）」を得ようとする行動を行う。この行動を「レントシーキング」という。

では、市場が決めるよりも多い利潤がどこから発生するかといえば、規制等により市場を非効率にする代償からである。政治プロセスにおけるレントシーキングの帰結は、財政支出の膨張や規制の増大であり、その結果としての国民の経済的厚生の減少である。「鉄のトライアングル」の内部者のみがレントを得るのである。

投票者の黙認と鉄のトライアングル側からの情報発信

「鉄のトライアングル」によるこのような帰結に対し、投票者はいかに対応するのだろうか。この帰結は、国民の経済的厚生を減じさせ、国民経済に悪影響を及ぼすことになるわけだが、とりわけ財政支出膨張がもたらす増税の可能性は、投票者にとって関心が高い事項である。それにもかかわらず、投票者は、財政支出の膨張や規制の増大に強く反対せず黙認するようになる。

なぜか、といえば、そのような理由が存在するからである。

第一は、投票者には政府活動を監視しようとする経済的インセンティブが少ないことだ。個人が政府活動を監視することで得るメリットは、国民の経済的厚生の減少を避け、増税を避けることである。監視することのコストは、監視に時間をさいたことで断念される所得である。政府の活動領域は膨大で、個人にとって、コストがメリットを大きく上回ることになるので、投票者はあえて政府活動を監視しようとはせず、黙認する。投票者にとっての「合理的無知」である。

第二は、政府活動の増大が自分の私的利益を高めると、投票者は思い込まされやすいということである。官僚なり政治家は政治活動が必要とされる根拠をいつでもつくり出す。その根拠は有識者の意見も添えられ、マスコミを通して官僚や政治家から大量に流される。大多数の投票者は、無関心か情報不足であるので、有識者の見解を参考にするしかなく、そのような政府活動を支持してしまうのである。

そこで、原子力政策における投票者の行動を見る場合、投票者を三つのカテゴリーに分ける必要がある。

一つ目のカテゴリーは、先に述べた行動を取る一般投票者である。大多数の一般投票者は、原子力政策について合理的無知を選択し、また、政府・マスコミの情報配信により、原子力安全神話や、原子力発電が安価であることを信じ込まされている。

二つ目のカテゴリーは、政治的権益を享受している企業（産業）との関係で生計を立てている投票者で、電力会社・原子力事業者グループおよび取引先企業の従業員である。この投票者は、原子力政策推進側の投票行動を取る。

三つ目のカテゴリーは、原子力関連施設の近隣住民である。原子力事故は人体と生活の安全を極度に脅かすので、原子力関連施設の立地は、近隣住民にとって重大なデメリットをもたらす。近隣住民投票者の投票行動は、その地方から選出される政治家の得票に直接に関係するので、ここで政治家は、近隣住民投票者に対して、特別な対処が要求される。

それでは、ここからは、公共選択論のフレームワークを次の六つのプレーヤーの行動の軌跡に当てはめて分析を進めていく。

一　自民党を中心とする政治家
二　通商産業省（後の経済産業省）を中心とする官僚
三　電力業界
四　原子力事業者
五　一般投票者
六　近隣住民投票者

初めて原子力予算が国会に提出

まずはじめに、自民党を中心とする政治家 の軌跡を見ていこう。

一九五四年（昭和二九年）、中曽根康弘議員らにより、わが国ではじめての原子力予算が国会に提出された。戦後の原子力政策の決定的な第一歩である。

アメリカの原子力政策転換のタイミングをみごとにとらえ、原子力予算の提出に成功したのである。

アメリカの原子力政策転換とは、その前年の一九五三年末、アイゼンハワー大統領による「アトムズ・フォー・ピース（原子力の平和利用）」演説を突破口とするものであり、原子力における国際協力の促進と原子力貿易の解禁、そして、原子力開発利用の民間企業への門戸開放を意味している。

日本の原子力研究は戦後の連合国軍占領下において全面的に禁止されていたが、一九五二年のサンフランシスコ講和条約により全面解禁となっていた。原子力予算の提出は、日本の原子力開発のスピードを上げる上で、アメリカからの核物質・核技術の導入が有利と判断したことによるのだろう。

日本の原子力政策は一九五四年（昭和二九年）、政・官・財主導でスタートし、二年後の一九五六（昭和三一年）年までに確固とした推進体制を確立。原子力行政機関と政府系研究開発機関が揃って設置された。中曽根氏は、原子力合同委員会の委員長に就任し、日本の産業界は、これに呼応し、原子力分野に積極的に進出した。いわゆる「原子力ムラ」の創生期である。

当時、原子力政策を通して目指されていたこととは何だったのか。

それは、政治家（政党）として得ることができた結果を公共選択論のフレームワークに当てはめることで推測が可能である。

かたや政治家（政党）は、企業（産業）側から票と政治資金を得る。様々な政治的便宜（レント）を提供することで、通産省を中心とする官僚の権益拡大をもたらし、政治家（政党）として、官僚に対する影響力、交渉力を強めることができる。政治家はこの貢献により党内での地位を向上させ閣僚ポストを獲得すると推測される。

党内での地位向上は、政治家（政党）・官僚間での政治的便宜（レント）を創出する権力の向上につながり、その権力の行使により、票と資金獲得が可能になる。閣僚ポストにつくことで、知名度が向上し投票者からの信任を得ることで得票につなげられる。他にも、関係官庁とのパイプを太くし官僚への影響力を強化することができる。

以後、「原子力ムラ」の住民たる政治家は、原子力政策の族議員として政治的便宜（レント）を自らの票とカネに結び付けていくとされるのである。

原子力政策とマスメディア

科学技術庁の初代長官が正力松太郎氏である。正力氏は、中曽根氏とともに政界における日本の原子力政策推進の両軸と呼ばれる。

正力氏は、警察官僚から読売新聞買収を経て政界へ進出、一九五六年一月に原子力委員会の初代委員長に就任し、五年後に日本に原子力発電所を建設する構想を発表した。当時、原子力委員であった湯川秀樹博士はこの構想に反発し、抗議の辞任をしている。このことが象徴するように、わが国でも当初は政治家主導での原子力発電導入が進められたのであり、これは記憶に留めるべきだろう。

東京新聞の記事（二〇一三年一月二三日付）によれば、正力氏の原子力発電導入への尽力は、米国のＣＩＡとのパイプを活用したものだった。ＣＩＡはアイゼンハワー大統領の、「アトムズ・フォー・ピース」演説に始まる政策変更が、演説からわずか三カ月後に起きた第五福竜丸被災により、雲行きがおかしくなってきたことに危機感を抱いた。日本で反米・反原子力の動きが高まりつつあり、読売新聞社主である正力氏にこれを抑えさせることを期待していたのである。

一方、正力氏の側の政治的動機については、公開されたＣＩＡ機密文書によれば、「（正力氏の目指していたことは）アメリカから動力炉の供与、または、それを購入するための借款を引き出すことだった」という。正力氏はそのあとで日本における原子力の商業発電を実現し、それを政治的実績として総理大臣の座を手にする野望を持っていたと東京新聞は報じている。

正力氏の果たした役割について特筆すべきことは、原子力にかかわる政治家とマスメディアの関係のひな形を、原子力政策の初期から意識的につくりあげてきたことだろう。当時、読売新聞は、「原子力の平和利用」に関する肯定的な情報を流した。これが、第五福竜丸事件直後であるにもかかわらず、原子力の平和利用を受け入れる世論形成にもつながったと推測される。

ちなみに、電力・原子力関連からメディアに渡るカネは年間二千億円を超す巨額にのぼるという。マスメディアが原子力批判に消極的なのは当然とも映る。一般に、マスメディアが、「原子力ムラ」の構成員であるとみなされるゆえんである。

正力氏らは、マスメディアを利用し、取り込むことで原子力発電の安全性を強調することに成功した。様々な重大事故により安全神話が崩れようとすると、マスメディアを動員して、短期間に反対運動を収束させ、「原子力ムラ」は権益を拡げてきたのである。こうした経緯をふんで「国策」としての原子力発電推進は、東日本大震災に至るまで、不動の政治的前提となったと考えられる。

政治家の行動の軌跡については、原子力関連施設立地に反対する近隣住民投票者の出現と「電源三法」の成立が一つの論点であり、後でもう一度述べることにする。

原子力事業者の軌跡

続いて、日本の原子力事業者が政府の原子力政策のもとでどのような行動軌跡をたどったのかを見ていく。

戦後の原子力産業の軌跡を確認する基本文献としては、総理府（現在は内閣府）の原子力委員会がほぼ毎年発行している原子力白書（以後白書と記す）がある。

一九七六年（昭和五一年）版の白書には、原子力産業の技術は機械、電気、化学、金属、土木など、きわめて広範な既存技術との融合からなり、日本の原子力産業は在来の企業が原子力部門を設け、資本系列を通して原子力産業グループを形成してきたと記されている。

つまり、原子力産業は、新たな産業ではあるが、財閥系を中心とした既存の大企業が自らの技術を活かし、新たな収益部門をつくれる有望産業であったことがわかる。

原子力発電所の建設を急速に進めることとなった電源三法の制定は一九七四年（昭和四九年）である。三法制定のきっかけとなる石油ショックは一九七三年（昭和四八年）、原子力への不信感をつのらせた原子力船「むつ」の放射線漏れ事故は、一九七四年（昭和四九年）である。

その直前、一九七二年（昭和四七年）当時の原子力産業について、翌年の白書はこう記している。

「先進国にくらべて十年以上も遅れて原子力開発に着手したわが国では、原子力先進国との関係が深く、三菱が米国のウェスチング・ハウス社、日立、東芝が米国のゼネラル・エレクトリック社と軽水炉技術についてそれぞれ提携するなど、現在原子炉機器、核燃料等について主として技術導入によって製作を行なっているが、外国技術の吸収や自主技術開発によって、生産活動は順調に進んでいる」

白書は、日本の原子力産業はアメリカのメーカーからの技術導入によって始まり、一九七〇年代初めでは、まだその差は大きいと記述している。そして今後、企業の存続、つまり利益を上げるためには、計画・設計・監理なども自前で行うことが重要であるとする。日本の原子力関連メーカーは、この動きに合わせるように受注の増加と技術の国産化を進めていった。一九七〇年代初頭には、福島県と福井県で原子力発電の商業炉が稼働を始めている。

このころ建設された国内の原子力発電所の一号炉は主に海外メーカーにより建設された

が、二号炉以降は海外の技術を吸収し、国内メーカーが建設している。

さらに機器の国産化度は、東京電力福島第一発電所で見ると、一号機五六％、二号機五一％だが、三号機になると九〇％となっている。

一九八六年（昭和六一年）の白書には、技術的にも欧米に追いつきつつあることを示す記述がある。


「わが国の原子力産業グループは、主契約者としての原子力発電プラントの建設経験も、建設中のものも含めれば四〇基と着実に経験を積み重ねており、また最近の機器の国産化率は一〇〇％近くになっており、それらの設備利用率も極めて良好である。（中略）軽水炉発電の分野については、導入技術の消化吸収を達成し、技術的基盤を確固たるものにしている」


こうした技術の向上、技術の国産化の大きな力となったのが、原子炉国産化のための助成措置である。

政府は原子力平和利用について、研究委託費や研究費補助金を確保し、原子力施設の安全評価に関する試験研究委託や在来型動力炉の国産化に関する試験研究への補助金交付などを行った。

また日本開発銀行による財政資金融資として、電力会社及び重電機メーカーに対して、原子力発電機器国産化のための低金利、長期資金融資が行われた。さらに、税制上の優遇措置として一部研究用の原子力部品の関税免除や、国産の新しい技術を使った機械設備などに対して特別償却が認められた。

実に手厚い支援策が取られたのである。

ここ数年、東京電力福島第一原子力発電所の事故が起きるまでは、温暖化の懸念によるCO_2削減の流れから、アメリカをはじめ、世界で原子力発電所の建設・計画のブームが起きていた。二〇〇六年（平成一八年）、日本の原子力産業の一翼を担う東芝が、将来の市場の拡大をにらみ、二〇一五年までの原子力部門の売り上げを三倍にすることを目標に、アメリカのウェスチングハウス社を買収したのは耳に新しい。

先述の手厚い政策支援により、産業の創生から始まった原子力産業が、かつて技術を導入した企業を買収するほどに、日本の原子力産業が巨大化したことを象徴する出来事であった。

電力会社の軌跡

次に、電力会社がどのような軌跡をたどったのかを見ていこう。

橘川教授によると、わが国の電力業界は、基調としては民間主導の経営によって成り立ってきたといわれる。実際、電力業界においては、多くの時期で各電力会社のコスト削減に向けた創意工夫や競争が存在していたといえる。ただし、一貫して民間主導というよりも、時代的な背景に対応するかたちで、そのトーンも変化する。

ちなみに、一八八三〜一九三八年を民間主導体制の時代、一九三九〜一九五〇年を戦時色の強まりに伴う電力国家管理の時代、一九五一〜現在に至るまでを九電力（のちに沖縄電力を加え一〇電力）体制による民間主導の時代と、大きく三区分することができる。戦時の国家管理の時代を除いて、基本的にはわが国の電力業界は民間主導であった。

ここでは、三区分のうち、一九五一年以降の電力業界に目を向けてみる。六〇年を超える長いこの期間、電力業界は民間主導といわれながらも、実は監督官庁や政府との近接が起こる時期として位置づけられる。この近接が起こる契機を中心に見てみることとしよう。

一九五一年（昭和二六年）の電気事業再編成により日本発送電が九分割され、配電会社と統合することで、北海道電力、東北電力、東京電力、中部電力、北陸電力、関西電力、中国電力、四国電力、九州電力の民営九社が誕生した（のちに沖縄電力も加わるが、ここでは九電力という表現を使うことにする）。

これら九社は株式会社の形態をとっている。九つの民営企業が、九つに分割された各エリアにおいて、独占的に発送配電一貫経営を行うという体制の誕生である。いわゆる民営企業による地域独占という体制である。各電力会社は株式会社であり、民営企業であるものの、電力供給するエリアが特定され、その地域においては他社との競合がない状態となる。また、発電業務、電気を送電する業務、エリア内の消費者に電力を届ける業務といった三つの主要な業務は、ひとつの電力会社が一貫して行う体制となった。

経済学の教科書では、「独占は資源配分の効率性を阻害する」とされる。しかし、民営企業による地域独占というあり方が、直ちに競争を抑制して、各電力会社の自律的な経営を阻害したというわけではない。とくに一九五一年から七三年の石油ショックまでの期間を見た場合、各社の設備投資にかかわる競争が存在し、結果的に経営コストの削減努力が実現する自律的な経営がみられた。

一九五二〜七三年の時期において、電灯電力総合単価（電気料金）の上昇率が、消費者物価指数の上昇率を大きく下回ることになったことがそれを証明している。高度経済成長期にあった日本において、電力料金が安定していたこと自体が、電力会社の経営努力があったことを物語っている。

はからずも、松永安左ヱ門が存命していた時期と重なるのがとても興味深い。

石油ショックと脱石油依存

一九五一年から一九七三年の時期は、電源構成が（石油を主とする）火力発電が中心の時代でもあった。いわゆる「火主水従」の時代である。他方で、一九七三年の石油ショックを契機に、電力業界に対する政府の関与が強まったことがしばしば指摘される。なぜ関与が深まったのであろうか。

その理由は、原子力発電の重要性が石油ショックによってにわかに高まったからといえる。「電力の安定供給」が使命とされる電力業界において、七三年の石油ショックは広く危機感を醸成したのである。

つまり、（石油を主とする）火力発電を電源構成の中心とする限り、石油資源に乏しい日本においては、石油をめぐる海外の需給動向に翻弄されることが露呈したわけだ。とくに原子力発電という不確実性がきわめて高いが、投入されると非常に効率が良いとされる電力源への注目が集まったのは当然といえよう。

もちろん、一九六〇年代には「夢の技術」ともいえた原子力発電について、その導入を推進する政府の姿勢が同時に存在していた。日本においては、五〇年代に原発の開発に着手し、六〇年代には用地買収が推進された。したがって、この石油ショックによって唐突に原子力発電の構想が湧いて出たわけではない。しかし、石油ショックが大きな転機になったことは間違いない。石油危機以降の電力会社は、一斉に原子力発電を電源構成の中に取り入れようとした。しかしここで、原子力発電という事業の特性が大きな課題として浮上する。

原子力発電の事業特性

原子力発電の事業特性とはなんであろうか。

原子力発電には、放射能汚染の問題や懸念がつねにつきまとう。一度事故が起これば、その損害の大きさは火力発電や水力発電の比ではない。原子力発電に伴う事故のリスクを勘案すれば、用地買収に対しては地域住民の反対運動などがあり、かなりの困難を伴う。また、使用済み核燃料の後処理の問題もあり、この問題は現在においても解決の方向がみえていない。民間である、一企業の手には負えないという側面があるのだ。民間の手に負えない事業であれば、政府による介入が不可避となる。つまり、民間による電力自由化と原子力発電とのあいだには原理的矛盾が存在するのだ。原子力発電を推し進めようとする限り、政府の介入が必然となり、電力の自由化は著しく制限され、民営化も不十分にならざるをえない。

自律性の減退期と政府補償

こうした事業特性を考えた場合、電力会社は事業投資に二の足をふむことになり、民間企業が原子力発電を推進しようとする場合、政府のサポートがなければ土台無理な話となる。少なくとも、用地買収や使用済み核燃料の後始末にかかる費用は、電力会社には負担しきれないものであり、社会的に負担されるべきだという議論に通じていく。こうした背景があり、電力会社の自律的な経営は後退し、政府の主導性が発揮されることとなったと考えられる。

政府と電力会社の近接については、二つの法律が大きく影響している。ひとつは一九六一年（昭和三六年）に制定された「原子力損害賠償法」である。簡潔にその概要を述べれば、万が一原発事故が発生した場合に、その被害にかかる賠償を電力会社に変わって国家が負担するという法律である。実際にこの法律のもとで、日本原子力発電(株)(一九五七年設立)が、原子力発電事業を展開した。

また、原発用地獲得を進める上で、一九七四年(昭和四九年)制定の電源三法は欠かすことのできない存在といえる。電源三法とは、「電源開発促進税法」、「電源開発促進対策特別会計法」(特別会計に関する法律)、「発電用施設周辺地域整備法」の三つである。これにより、原発用地を提供した地方公共団体には、多額の交付金が支給されることとなり、地域整備が推し進められた。電力会社は、リスクの高い原子力事業を、政府による賠償の担保や物質的な補償を背景に推進することができるようになったわけである。

再度の自由化

二〇一一年(平成二三年)三月、不幸にして東京電力福島第一発電所で事故が起きてしまった。この時点で、日本の電源構成に占める原子力発電の割合は三〇%に達していた。原子力発電への依存度は電力会社によって異なるものの、九電力会社はそれぞれの電源構成の中に原子力を組み込む形となっていたのである。

電源構成の中に原子力発電が組み込まれて以降、一九九〇年代において、電力業界においては再び自由化を促進することが求められた。しかしこの自由化の範囲は、電力業務の柱の一つである送電業務については及んでいない。新規参入業者は九電力会社に送電を依存せざるをえない状況での自由化なのである。九電力会社が圧倒的な優位性を持ったままの競争であり、本質的な自由化とは程遠く、参入規制が硬く守られている。

電力会社と原子力事業者が得たレント

ここで実際に電力会社と原子力事業者が政治プロセスから獲得したレント、すなわち本来市場が決めるよりも大きい便益をまとめておこう。

〈電力会社が得たレント〉

(一)一九五一年の電気事業再編成によりなされた地域独占体制の確立。電力会社は市場参入規制により競争を避け安定した経営を行うことができる。

(二)総括原価方式による電気料金の決定。電力会社はかけた経費と一定の利益を電気料金に課すことができるので特別損失が出ない限り安定した利益体質を確保できる。

㈢一九七四年制定の電源三法による電源（原発）立地近隣地域への多額の交付金。この交付金により近隣住民の合意を得て原発立地が可能になっており、実質的には電力会社の経営に必要な経費が国家財政により肩代わりされている。

㈣一九六一年制定の原子力損害賠償法による事故損害の政府補償。有事の際は民間企業では負いきれない多大な損害額が予想されることから、もし、政府保証がなければ直接・間接金融による資金調達コスト（金利）が事業リスクを織り込んで跳ね上がる。この立法により多額の資金調達が必要な電力会社の資金調達コストを低減し、経営の安定化をもたらしている。

立法によってこれだけ硬く守られレントを得ている企業が経営の自律性を保つことは、もはや不可能であろう。なぜならば、合理的経済人を前提とする限り、レントシーキング（たかり活動）による利益獲得が、よほど低コストで、かつリスクなく可能だからである。

〈原子力事業者が得たレント〉

㈠政府からの補助金獲得。原子力施設の安全評価に関する試験研究委託や在来型動力炉の国産化に関する試験研究への補助金を得て、原子力事業創生に伴う多額の試験研究費を賄うことができた。
(二)日本開発銀行からの低金利・長期融資の獲得。
(三)税制優遇。一部研究用の原子力部品の関税免除や、国産の新しい技術を使った機械設備などに対して特別償却が認められ、キャッシュフロー上有利な経営が可能となった。
(四)先述の電力会社が得た原発推進のためのレントは、原子力関連の需要を増大させるので、間接的に原子力事業者のレントともなる。安定かつ多額の売上の確保は経営上非常に有利な環境をもたらす。

原子力事業者は、事業のスタート時より、政治プロセスから手厚いレントを得ることに成功しつつ、原子力発電事業の推進を、戦後の財閥解体でこうむった打撃から体制を立て直す好機ととらえたと考えられるのである。

原子力発電の技術は広範な産業分野との関わりが深い。原子力発電の技術開発を中核として事業が推進されれば、数多くのグループ企業に恩恵をもたらす、新たな収益分野の創出と考えられていたのだ。

しかもそれが国家プロジェクトの位置づけを持つものならば、企業としては非常に継続性と発展性があり、同時にプレステージの高い事業ということができる。そうした事業機会に乗らない手はない。日本経済をインフラ的側面から支えるという大義も存在する。

官僚・原子力行政の監督官庁

次に、こうした電子力事業者や電力会社を監督する所管官庁と官僚の関係を考察する。まず通産省は、日本における原子力事業者の育成を考える。一九五六年（昭和三一年）の日本原子力産業会議（原産）発足、一九五七年（昭和三二年）の原産による日米原子力産業合同会議開催（東京）などを経て、一九五八年（昭和三三年）六月、「原子力産業育成方針」を打ち出すのである。

原子力事業者の育成のためには、電力会社の電源構成の中に占める原子力発電の割合を高めていくことが通産省にとって必要なことであった。

実際に、初期の原子力発電事業にかかわる需要の多くは、日本原子力発電（株）の発注する仕事であり、この需要に応えるべく、旧財閥系のグループは競争する。

また原子力発電をめぐっては、通産省のみならず、科学技術庁の存在も無視できない。原子力行政の一角には、原子力委員会が一九五六年（昭和三一年）に総理府に設置され、その委員長は科学技術庁長官が兼務する形となった。ここでは、科学技術庁長官が大きな決定権を握っていた。

北村洋基著『經濟論叢「日本の原子力政策の形成過程」』（一九七四年）には次のような指摘もある。


「原子力委員会は正力松太郎国務大臣を委員長とし石川一郎、藤岡由夫（以上常勤）、湯川秀樹、有沢広巳（以上非常勤）の各氏を委員として発足したが、学術会議が原子力委員会に意見を反映させることは、制度的には全く保障されておらず，また科学技術庁長官が委員長を兼ねることから、政府から独立して自主的な立場で行政にあたることはきわめて困難であり、実際に原子力委員会は、委員長の独走する事態を繰り返す」


つまり、仮に学識経験者の中に、原子力発電に対してネガティブな見方をする学者が含まれていたとしても、その意見は主要な意見とはなりえないとも考えることができる。

科学技術庁は後に文部科学省と統合されるが、原子力の科学技術と学術研究を監督する機関と位置づけられ、学識経験者の選任や研究助成にも大きな影響力を持った。

一九六〇年代において、政府は電力会社が原子力発電を推進するために必要な手厚い保護を与えていった。建設工事資金の五〇％開銀融資、原子力発電設備の輸入関税の免除、設備の特別償却制度などである。同時に、電力会社の原発新規設置の申請を次々に認可していく。

それだけではない。原子力委員会自らが原電二号炉（BWR型）を建設し、軽水炉型原子力発電所の設置を強力に推進していったのである。核にかかわる高度な技術開発というプロジェクト（仕事）を、政府・原子力委員会自らの手中に収めることと、原子力発電が軌道に乗れば、非常に大きな権益に通じるという期待があったのだろう。

一般投票者の「合理的無知」

さて次は、選挙における「投票者」としての一般人である。

一般投票者が、原発近隣の住民投票者と切り分けられるのは、「NIMBY：Not In My Backyard（私の裏庭はお断り）」が守られているからである。自身の居住地域に原子力関連施設がなければ、原子力事故による被害を考慮する必要性を感じなかったので、一般投票者は、もっぱら安価な電力の安定的供給に関心を向けた。

そこで鉄のトライアングル側にとっては、原子力発電を推進するために必要となる一般投票者の承認の獲得のために、安価・安定的電力供給に原子力発電が有効であることを示すことが重要となる。

経産省は過去数度にわたって各電源別（原子力、ＬＮＧ火力、石炭火力、石油火力、水力）の発電単価を発表した。一九九四年、一九九九年、二〇〇四年の試算では、原子力による発電単価が最も安価な結果となっている。この経産省発表の試算は、原子力発電推進に対して社会的合意を取り付けるのに大きなインパクトをもった。

しかし、この試算には、電源三法による国庫からの支出、いわゆる国民が負担している社会的費用が入っておらず、また、原発のバックエンドコストの試算が様々な点で過小であることが指摘されるようになり、試算の恣意性が疑われる。

一九九九年試算を取りまとめる通産省（現経産省）資源エネルギー庁の総合エネルギー調査会の議事録を見ると、「電源三法の交付金は発電に使うのではなく、公共施設や周辺を整備し、地元の住民に還元するもので、発電費用で扱うのは適切ではない」という試算者の意見に対し、学識経験者からさえ反対意見が出ずに調査会総意となっている様子がうかがえる。正確性に欠けるデータに基づき、公正さに欠ける議論の結果としての試算が、調査会の答申として出された。

一般投票者は、装われた外見により、発表された内容が公正なものであると信用し、この結果に基づく政策実行が自分の私的利益を高めるものと思い込む。一般投票者は、総合エネルギー調査会の答申内容が正しいかどうかを自らが調査するメリットと、それを行うために、あきらめなくてはならない時間や所得のコストを比較する。

しかし原子力発電コスト計算の調査は専門性が高く難易度が高い。それを行うコストは非常に高くつくことが予想される。一方、一般投票者のメリットは、電気料金の減少を得ることであり、また、そのような結果を得ることができるかどうかの確証がない。結果、一般投票者は「合理的無知」を選択するのである。

近隣住民投票者（原発誘致による地域開発）

原子力発電の創世期においては、社会全体としてみれば、意外にも目立って強い反発はみられなかったという指摘がある。

当時の新聞の論調も、正力松太郎の読売新聞はむろん、おしなべて、「原子力の平和利用支持」で貫かれていた。国民一般の間には原子力に対する知識と興味は薄く、その民生利用に反対する意見も表面には出てこない。むしろ肯定的な見方が支配的であった可能性がある。

そうした微温的な状況のもとで盛んに推し進められたのが原発誘致による地域開発であ

る。その状況を、専門家は次のように指摘する。

「全国の海岸部の低開発地域では工業立地への要望が強く、初期の原発の建設計画に対しては、道府県知事が市町村を先導する形で原発誘致による地域開発を推進し、町村当局ぐるみの陳情活動が盛んに行われた。現在原発が運転または計画中の地点のほとんどは、一九六〇年代末までに原発計画が浮上した地点である」（本田宏「日本の原子力政治過程（2）」『北大法学論集』所収）

地域を発展させたいと思う自治体の中には、原子力発電所を誘致することが、その有効な処方箋だと当初は考えられていたフシもある。東海村の商業用原子力発電施設の建設にあたっても、必ずしも、地域住民による反対運動が起こったとはいえないのである。

高まる反対運動と近隣住民投票者

ところが、徐々に建設計画が進行する中で、「契約のプロセスが不明瞭に、そして秘密裏に行われる」ことがしばしばあり、それが反対運動の増幅と連動に通じていったという見方がある。

反対住民の組織化が全国に広まるきっかけをつくったのは、一九六四年（昭和三九年）の芦浜原発計画であるが、同時期に他の多くの計画地でも、誘致の決定が住民に知らされなかったことから、それがひとたび公になると、電力会社や県に対する住民の不信感が募っていった。原子力という得体の知れない技術に対して疑心暗鬼が生まれ、増幅することになったのである。一九七四年（昭和四九年）に起きた原子力船「むつ」の放射線漏れ事故もそのひとつである。この「むつ」の事故を受けて、先ごろ閉鎖された原子力安全委員会が発足し、原子力行政への牽制・監視機能が付託されるようになった。

一九七九年（昭和五四年）に起こったアメリカのスリーマイル島事故、一九八六年（昭和六一年）のチェルノブイリ事故、さらに国内においては、一九九五年（平成七年）の、開発途上の高速増殖炉「もんじゅ」のナトリウム漏れ事故、そして一九九九年（平成一一年）には、死者が発生した東海村の臨界事故が発生し、社会に強い不安を与えた。

国内外で相次いだ原子力関連施設の事故により、原子力関連施設を近隣に誘致することに対する反発も、徐々に大きくなっていき、原子力発電に対する反対活動はその後、各地で活発化していった。ここに、In My Backyardに原子力関連施設をもった近隣住民投票者のカテゴリーが出現した。時に過激化する反対運動が象徴するように、近隣住民投票者にとっては、原子力事故の大きな脅威により、原子力関連施設の立地は、重大なデメリットとなる。

近隣住民投票者に対する対応策

高まりをみせる反対運動に対しては、当初、情報の公開や説明会など、住民の漠然とした不安を払拭するための手段が取られたとされる。

まずは、原発事故や放射能汚染、温排水による漁業被害に対する住民の不安の払拭をはかるために、原子力関連施設建設予定地の道府県と電力会社が「原子力安全協定」を締結する。

二番目には、政府主催の「原発公聴会」の開催である。東海村の商用原子力技術の安全性にかかわる、原子力委員会主催の公聴会（一九五九年）と、日本学術会議主催によるシンポジウムが開催されている。

さらに三番目として、科学技術庁・原子力委員会による情報公開の試みもあった。しかし、こうした言葉による説明・説得によっては、反対派を納得させることは困難であった。

このような状況下で、近隣住民投票者を懐柔する決定打となったのが、一九七四年（昭和四九年）田中角栄政権下で成立した「電源三法」であった。原子力関連施設立地地域に対して、様々な交付金・補助金・委託金を与える仕組みだ。電源三法を根拠法にして立地自治体へは潤沢な資金が支給され、小学校整備、体育館整備、葬儀場整備、コミュニティーバス事業など幅広い領域がその対象事業とされた。

近隣住民投票者の重大なデメリットが電源三法交付金により手厚く補償され、立地賛成の投票者が多数となっていく。立地推進の政治家は、電源三法交付金による施策を自身の貢献として近隣住民にアピールして得票につなげ、立地賛成の近隣住民投票者が立地推進の政治家の支持基盤となっていく。

田中角栄氏は、選挙地盤たる柏崎に立地する柏崎刈羽原子力発電所の近隣住民に電源三法交付金を支給したことにより、政治家個人としての集票に結びつけたことはもちろんのこと、各地域に存在する原子力関係族議員にも同様の集票システムを確立させることに成功し、政党全体での支持基盤強化につなげたといわれている。

しかし、こうしたハコモノの運営にかかる費用が過負担となり、逆に財政難となった自治体は、さらに新たな財政支援を求め、原子力関連新設を望むという悪循環に陥ったのである。立地自治体の財政運営が電源三法交付金への依存を強めていくことになる。

原子力政策における鉄のトライアングル

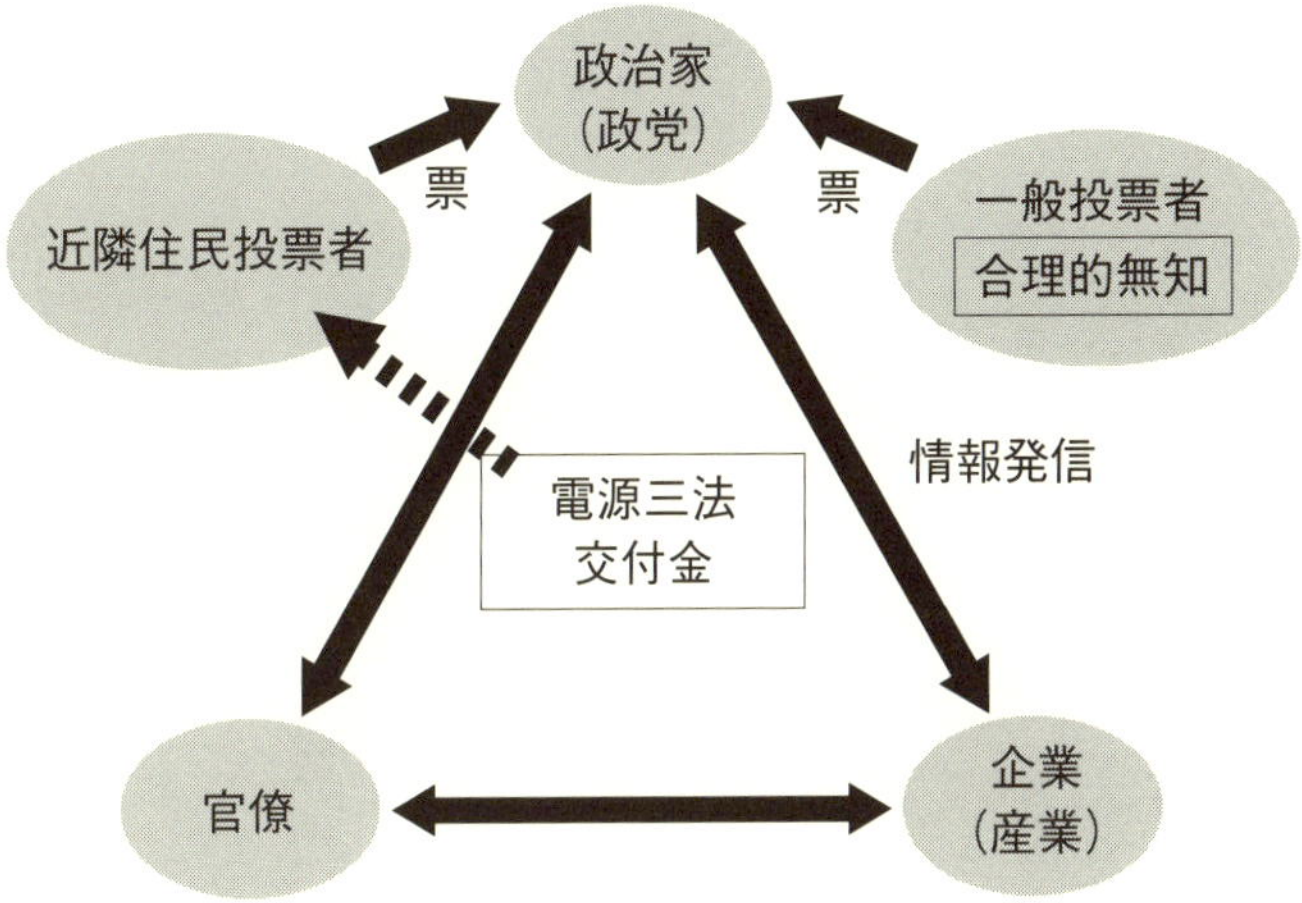

原子力政策における鉄のトライアングルと投票者の構図

これまで、原子力政策における政治プロセス上の六プレーヤー、政治家（政党）、官僚、企業（電力事業者と電力会社）、一般投票者、近隣住民投票者の行動の軌跡を見てきたが、それは公共選択論で想定する行動パターンと一致するものである。ここで略図でまとめると上の図のようになる。

自民党を中心とする政治家は経産省を中心とする官僚と結託し、企業（産業）、つまり電力業界と原子力事業者に、参入規制、価格規制、補助金、優遇融資、税制上の優遇措置、損害補償、等のレントを立法を通して提供する。その見返りに、企業（産業）は、政治家には政治資金と票を提供し、官僚には天下り先を提供する。また、こうした規制や財政による施策は官僚の所属機関の権益を拡大しそれ自体が官僚の効用拡大につながる。こうして原子力政策における鉄のトライアングルが形成される。

鉄のトライアングル側は、一般投票者に対し、その合理的無知の行動を計算に入れた上で、原子力政策が一般投票者の私的利益を推進するものであるという情報発信に注力する。また、原子力関連施設の立地に重大なデメリットをもつ近隣住民投票者に対しては、電源三法交付金による潤沢な補償により、鉄のトライアングル側に取り込み、原子力政策推進政治家（政党）の得票に結びつけることに成功している。

レントシーキング社会、その限界を超えるために

レントシーキングにより形成されたこの構図の帰結は、公共選択論が示すように、鉄のトライアングル内部者のレントの増進と国民の経済的厚生の減少である。そして、国民（一般投票者）にとって望ましくない政策が、民主主義の政治プロセスから生み出される必然性を、公共選択論は明らかにしている。

福澤諭吉いわく「愚民の上に苛き政府あれば、良民の上には良き政府あるの理なり」。この民主主義の悪しき必然性を超えることができるとすれば、それは、国民一人ひとりが「物事の理を知り人民の徳」を発揮するときである。

甚大な被害をもたらした福島原発事故によって、作為された「安全神話」が崩壊し、原発問題が原発立地地域に限られた問題ではないことが国民（一般投票者）に認識された。原発が相対的に「低コスト」であるという作為された「神話」もまた崩壊しつつある。この国民（一般投票者）の認識こそが民主主義の限界を超える第一歩である。

小泉郵政選挙の際に、ほぼ単一争点で、まさに民主主義的プロセスで国民（一般投票者）から郵政民営化が支持されたにもかかわらず、その後の政権で揺り戻しがかかり、民営化に逆行する展開となったことは記憶に新しい。

福澤諭吉が言う「物事の理を知り人民の徳」を発揮するに至るには、国民（一般投票者）が、民主主義の政治プロセスの悪しき性向を理解し、鉄のトライアングルとマスコミの結託から作為される「神話」が文字通り神話であることを知り、意思表示しなければならない。ここに至ってはじめて「民間自立」し、国民が自らを利する政治・行政を手にするのである。

第4章

福澤桃介と松永安左ヱ門から何を学ぶか

前章ではわが国における原発政策の推移と利害当事者たち（ステークホルダー）の行動を、公共選択論をツールとして読み解いてきた。最後に、これからの原発をふくむ電力政策はいかにあるべきか、またどのような未来志向の電源社会を目指すべきなのか論を進めようと思うが、その前に再び、電力事業にそびえたつ福澤諭吉山脈の「民間自立」の二大巨峰である福澤桃介と松永安左ヱ門から得られる教訓について整理してみたい。

福澤桃介と松永安左ヱ門が目指したもの

福澤桃介は相場師から事業家へ転じ「電力王」とまで呼ばれるに至ったが、その畢生の事業は水力事業にあった。

水力事業に魅せられたのは、相場が「ゼロサム」の世界である一方で、水力事業は「無から有」を生み出すかごとくのビジネスであり、爽快きわまりなかったということである。とくに、桃介が利潤という意味では遥かに高い水準にあった鉱山事業などに取り組まなかったところが重要であると私は考えている。桃介は、「鉱夫」などに対して人情にもとることをしなければならないことを好まなかったと吐露している。

それゆえに急峻な国土体系を有する日本にあって水力発電は最も自分にふさわしいビジ

ネスとして選択した。桃介が水力発電を好んだ背景には、福澤諭吉も水力の重要性を「時事新報」などで主張しており、そのことが影響している可能性もある。

桃介は、火力は石油、石炭といった化石燃料が有限であることを考えると、むしろ平時において開発を継続的に実施すべきは水力発電と言っている。

一方、松永は、水力中心主義の福澤桃介に対して、水火併用方式を打ち立てる。ベースロード時には水力発電を用い、ピークロード時には火力発電を混ぜ合わせるなど、電源をベストに組み合わせ安定的な供給を実施することが重要であると考えた。

国家統制色が強まる中で、発送配電分離により、発送電部分を国家が運営することが主張されるが、これについては断固反対であった。送電部分を政府が保有した場合、電力の配分を政府が実施することとなるが、そのような計画経済的な配電など政府にできるわけがないと考え、発送配電一体の地域独占分割体制を主張した。

戦後は、松永の主張がすべて通り、

一　民有・民営
二　発送電一貫経営
三　地域独占
四　九分割体制

が電力再編成の基本的なモチーフとなった。

この段階で、政府介入による発送配電分離形式を実施せずに、地域分割を選択したことは卓見であったろう。ただ、唯一問題なのは、地域独占を残さざるをえなかったことだ。松永自身は米国流の公益事業委員会を設置し、通産省とは別の独占価格の監視を実施する機関の整備を試みるが、結局、潰されてしまった。

米国は地域の公益事業委員会や裁判所など、さまざまな規制機関が「いわば競争をして」最も国民に公正な結果をもたらすものは何かの解をつくりあげようとしている。

一方で、わが国のように電力各社が完全に所管官庁に絡め捕られてしまうことを考えると、同委員会のような機関の設置は一考に値する。独占事業体を放置することを決定した場合、それを国民目線で監視する枠組みが必要である。

松永がつねに考えていたのは、国全体の電力供給システムをつくるにあたり、送電部分を政府に抑えられた場合、効率的で安定的な電力供給は不可能であるということである。

需要に応え、どのような電源からどのくらいの電力を供給していくかはまさに現場の経営者が自主的に判断すべきであるという松永の主張はつねに一貫している。

こうした福澤桃介や松永安左ヱ門の考え方は今後の電力政策にいかに活かされるべきか。福島原発事故以降、電力自由化の動きがかまびすしい。松永が主張した地域独占などの規制が撤廃され、発送配電分離に向けて舵が切られているようにもみえる。

ちなみに北欧などでは、送電部分、すなわち発電部分と配電部分を結ぶその場所が市場化されつつある。電気の売買が行われ、国を超えて実施されることから、地域全体の系統運用が落ち着いた状況になっているという。

さてそこで、発送電分離だけが解なのか？

これからの技術の方向性は、自律分散型システムである。需要者が自ら発電し、車に蓄電し、動けば送電ということで、既存のグリッドは迂回されることとなる。そうした今後の技術の方向性を十分に見据えた対応が必要となる。

原子力事業については、なにより問題なのは「国策民営」を受け入れ、電力会社の生命線である資金調達上のメリットを受けてしまったことから、経営の自主性がどんどん希薄化していったことではないか。その経営の自主性の欠如が今回の福島のような事態を生じさせた遠因といってもよい。原子力を電源としてどのように考えるかは、本来であれば、電力会社固有の意思決定である。その中で原子力の電源としての性格を十分に理解した上で判断を下していくことが重要であった。

松永が戦後の電力体制に最も望んだことは経営の自主性を発揮することであったのに、現実は国策民営会社に成り下がってしまったことにより、それらすべてが失われてしまった。新しい電力システムの枠組みでは、生き生きとした経営の自主性が発揮されることを期待したい。

最後に注意が必要なことがある。新しいフレームワークを創り上げるときにはかならず政府・官僚は新しい規制を取りに行く。そのような中にどのように取り込まれないようにするかが重要であり、松永もこれに最も苦労したのであろう。

未来の電力—系統運用システムの確立

今後の電力供給システムのあり様は、自律分散・開放型になることは間違いないところなのであろう。それは、電気通信ネットワークが、インターネットに取って代わられた状況と相似している。

実は松永が考えていたのもこのことだった。

第二章で詳述したように、松永自身は一九二三年（大正一二年）に、「超電力連系」と「水火併用方式」を業界統制論の基本的な主張としている。その契機となったのは、一九二二年（大正一一年）の米国調査である。松永は電力会社内の「水火併用方式」によって管内の需給調整は完結させ、さらに、電力連系をはかることによって国全体の電力供給システムを整備しようと試みたのである。これをすべて民間の力でやりとげようとするのが松永のスキームである。

要は「送電部分」の仕組みをどのように整えるか？　民間で行うのか、政府で行うのか？という議論である。

海外の事例を見てみると、英国においては、一九二六年に「グリッド・システム」が導入されているが、これはいわば「電力専売」であり、配電事業は従来の国有のまま存在していた。

しかし、ここで強調しておきたいのは、詳しくは次章で述べるが、もはや「発送電分離」をすれば、原発ならびにエネルギー問題解決の道が開けると考えるのは早計であるということだ。

北欧では最近、「送電部分」を政府の介入によるものではなく、卸電力市場として整備した事例もある。市場での売買を通じて国際連系がさらに進めば系統運用も容易になる。風力と水力を組み合わせることも可能になる。ネットワークすることによって全体的に安定的な供給システムを実現することはインターネットの仕組みに類似する。

これはまさに九〇年前に松永が望んだことであり、電力供給のベスト・ミックスが市場化された「送電部門」によって実施されていくというパターンである。より広範な電源とのネットワークによって、より安定的な系統運用が可能になるということも、松永が「超電力連系」を望んだ理由でもあったといえる。

未来の電力においても、どのように系統運用システムをつくり上げるかがポイントである。米国カリフォルニアの事例のような事故を惹き起こしてはならない。

重要なのは、発送配電分離が実施されるにせよ、それが有効に機能する体制を整備しなくてはならないということだ。

どういう制度的枠組みが必要か。それを検討するにあたり、電々民営化・NTT分割と郵政民営化の「失敗」は大変役に立つ。

NTT分割と郵政民営化――その失敗の教訓

発送電分離の議論が生じるときに、一つの事例として、電々民営化・NTT分割と郵政民営化が引き合いに出される。

NTT分割論争も一〇年にわたって行われたが、最終的に持株会社形式による分割が実施された。「長距離通信網」と「地域通信網」が分割されたわけだが、地域通信網に対する公正なアクセスが確保されているかは、総務省とNTTとの間で未だ解決しない問題となっている。

郵政民営化でも持株会社形式による分割を実施したが、郵便局会社と郵便事業会社は再度合併することとなった。同一の資本の中に複数の企業体が存在するということは、各社の経営の自主性が発揮されていないともいえる。

本来であれば、持株会社形式でなく完全に分離されれば、経営の自主性を確保しつつ、魅力ある固定網をどのようにつくるべきかといった方向に経営の発想が転換しただろう。ところが現実は、例えばNTTの場合、どちらかというと、NTT以外の新規事業者にいかに優位な条件を渡さないかといった内向きの議論に終始しがちである。

NTTと郵政の分割については、あたかも成功したかのようにいわれているが、むしろ持株会社形式を取ったことにより失敗だったのではないかと私は考えている。NTTの固定網の開放について「公正か」「公正でないか」を議論している間に、ビジネス上のチャンスを失ってしまったのではないだろうか。

現在では、インターネット、モバイル、デジタル化の技術革新により、NTTの固定網はネットワーク的には事実上迂回されはじめている。NTTの「地域通信網」はもはや「構造不況業種」になっているのではないか。

電力事業での発送配電分離を考える上でも、通信における固定網にも似たレイヤーのガバナンスをどのように実施するかは大いに議論すべきところである。

東京電力という一つの会社の中で分離されていたとしても、本質的に分割されているとはいえない。また、内部相互補助が実施され、それぞれの事業分野での経営の自主性が発揮されない可能性も十分にある。発送配電を分離する上では分離手法についても十分に検討する必要がある。

通信同様に確信が持てることとして、あまりにも送電網がアクセスなどの面で使い勝手がわるいということになれば、需要者は自ら発電し、それを車に蓄電し、自ら動き回るという時代も来るかもしれない。その時には、大変なコストを埋没させた送電網がまた「構造不況業種」となる可能性がある。未来志向でそのあり方を検討する必要があると考えるゆえんだ。

NTT分割と郵政三事業改革の論理

この章を締めるに当たり、一九八三年に著した『国鉄・電電・専売再生の構図』(東洋経済新報社)に書いた私の提言を、少し長くなるが紹介しておこうと思う。

日本はあらゆる分野が「和をもって日本となす」である。和とは「輪」の中に入ることであり、そのためには「輪」は「円」だから「縁」が要る。地縁、血縁はなくても「宴」に参加すれば中に入って仲間となれる。

だから輪の中では、波風立てずにじっとしていれば、なごやかになる。「智に働けば角が立つ」のである。どんな失敗があっても欠陥があっても傷口をなめあって癒すという和やかさがある。「和」に強弱があってもこれはあらゆる業界に普遍的な原則となっている。（中略）

それは日本の行政体質でもある。アメリカなら市場経済のルールに任せて賞罰を決めるのが「公」の論理であるが、日本の「公」の論理は「和」である。市場の論理の働くべきところを、働かせないようにしているのが日本の行政体質である。市場と非市場を混在させているからだ。（中略）

本来なら、ＮＴＴの地域通信部門の独占性の弊害がどうしても残るなら、公正取引委員会の判断に政策決定を委ねるのが正当だろう。（中略）いまの行政は、ルールを作るということで立法に大きな力をもち、その執行に当たって裁量権を持ち、許認可で司法によるべき判断権までも握っている。

こうした三権不分立こそが日本を非近代的・異質な国にしてしまっている。ＮＴＴ分割論は単に通信産業の問題ではなく、日本的体質の改革を実現させるための一角にすぎない。マルチメディア時代を迎えて、日本の情報通信の不透明さ不安定さをこれ以上増幅させないためにも、NTT分割論議はこれで終わりとしなければならない。そしてさらに、郵政省の市場への介入を遮断することが、行政改革の途である。それは郵政三事業の改革を必要としているのである。

ここで展開した趣旨はそのまま、いま日本が難題として抱えるエネルギー政策にも適合するのではないか。政府・官僚・原発推進派の政治家・経済界にもよくよく考えてもらいたい。いまこそ福澤諭吉山脈の遺した「民間自立」の精神と知恵に回帰すべきである。

第5章

自律分散型電源社会を目指して

本書では、日本における電力事業の発展を追ってきた。近年の電力事業がなぜこのような形態を持つに至ったかを、福澤桃介・松永安左ヱ門の論争から追い、その社会的枠組みについて論じてきた。この章では、これまでの議論をふまえ、未来への提言、すなわち「今後の電力インフラはどのような形態を目指すべきなのか」について論じる。

最初に簡単にまとめると、本章での提案は「これから」の仕組みを「これまで」の仕組みの延長線上で設計することは不合理であり、「これから」の仕組みを考える上では、「今まで何が最も合理的」であったかより、「今後より合理的になる可能性」を追求しやすい仕組みに変えていくべきである、というものである。このために、従来の中央集権型の電力システムを、自律分散型へと変えていくことを提案する。

松永・福澤の時代と電力インフラの基本アーキテクチャ

現在の九電力体制をつくるきっかけとなった、福澤桃介・松永安左ヱ門の時代の電力統制構想を中心とした議論については前に述べた通りである。この論争について、ここでまず確認したいのは、彼らの論争の主な論点がどこにあったのかという点である。論点は、以下の二点についての相違であるといえるだろう。

Ａ「火力と水力」の発電方法の組み合わせ方法
Ｂ独占による弊害をどのような社会的制度によって制御するか

一方で、論争以前の共通のコンセンサスがある。それは、「電力インフラの基本アーキテクチャは確立している」と考えている点である。

電力インフラの基本アーキテクチャという表現はここで初めて使うが、ここでのアーキテクチャとは、電力分野では一般的な表現ではないが、コンピュータ分野でよく使われるような、技術的な基本設計・設計思想のことを意味している。具体的にいうと、この基本アーキテクチャは以下の三点からなっている。

一　大規模なタービン発電機を用いた大規模集中型の発電所
二　発電側から消費側への一方向的な三相高圧交流の送電網
三　制御できない消費側に合わせて同時同量原則（電気は貯められない）に従った電力供給

この基本アーキテクチャは、発電の「規模の経済」をより活かすことに主眼が置かれている。発電所はより大規模で集中型であるほうが効率的なので、それを活かすために大規模な高圧交流による送電網「グリッド」を構築する。この際、同時同量原則と交流システムの周波数同期という必要要件から、システム全体を一括して系統運用をする必要がある。これらの基本要因により、いわば「中央集権的アーキテクチャ」を基本コンセプトとして現在に至るまで電力インフラは構築されている。

しかし、このような基本アーキテクチャは、必ずしも当初から電力事業の絶対的な形であったわけではない。最初期に公共インフラとしての電力サービスを提供したトーマス・エジソンの会社であるエジソン電灯会社は、一八八二年に交流ではなく直流を基盤として電力サービスの提供を開始している。その後、エジソン社内で交流による電力事業を提唱したが採用されず、独立したニコラ・テスラやジョージ・ウェスティングハウスなどが交流発電機と交流による電力サービスの提供を開始し、両者の間で中傷合戦を伴う激しい優劣の議論と競争が行われてきた。

この競争は交流陣営が勝利し、二〇世紀に入る頃には交流による電力事業が一般的になっている。また同時期には、交流システムの中でも、二相交流か三相交流か、何ヘルツの電力を標準にするかなど、発電・送配電の方式の根幹にかかわる、様々な技術的チャレンジと選択が行われていた。

福澤桃介・松永安左ヱ門が電力事業に参加した時代は、このような論争や市場による選択が行われた「第一次電力イノベーション期」が終了し、社会インフラとしての大規模化と爆発的普及が行われ始めた時代である。

彼らの時代は、「電力インフラは技術的にどうあるべきか」の基本的な選択肢が確定した上で、伸び続ける電力需要に対し、どのような発電方法（A）と・運営制度（B）で応じるべきかの論争が行われていたといえる。

もちろん、基本アーキテクチャの範疇で様々な改良がなされて現在に至るとはいえ、福澤桃介・松永安左ヱ門以降現代に至るまで、日本において電力事業は「中央集権的基本アーキテクチャの範囲でいかに大規模化をはかり、規模の経済を活用するか」という点に主たる関心が置かれてきた、という点においては一貫している。

一九六〇年代以降、発電方法として、火力・水力に加えて、原子力が導入されたわけだが、現行の軽水炉による原子力発電は電力インフラ基本アーキテクチャには変更を加えない形で導入されている。

一次エネルギーこそ大きく異なるものの、電源としての性質（蒸気タービンによる大規模な交流同期発電機）は、火力発電を大規模化していくのと同系統である。原子力発電は、基本アーキテクチャが持つ大規模発電所への集中性をより加速する方向に寄与する発電方式であり、中央集権的基本アーキテクチャの性質を高める方向に寄与してきた。

原子力発電の果たした役割

では、原子力発電はこのような電力事業の枠組みにおいて何を果たしてきたのだろうか。端的にいえば、原子力の初期導入以降は、社会制度だけでなく、展開される電力インフラや研究開発の方向性なども含めて、電力事業に関する全ての要素は原子力発電所に「絡み取られてきた」といえる。

原子力発電の導入初期においては、「エネルギーインフラを最も効率的に実現するための原子力発電所の導入」がはかられている。しかし、途中からは明らかに、「原子力発電所を最も効率的に活用するためのエネルギーインフラの実現」への倒錯が加速している。

これまで、社会制度の側面からこの加速現象を読み解いてきたが、ここではこれにもう一つ視点を加えたい。それは、社会制度と技術的アーキテクチャが「ポジティブフィードバックループ（次図）」を構成し、より原子力に向いた形に前提制約を強化してきたのではないかという観点である。そこから電力インフラを捉えてみたい。

アーキテクチャと社会制度によるポジティブフィードバックループ

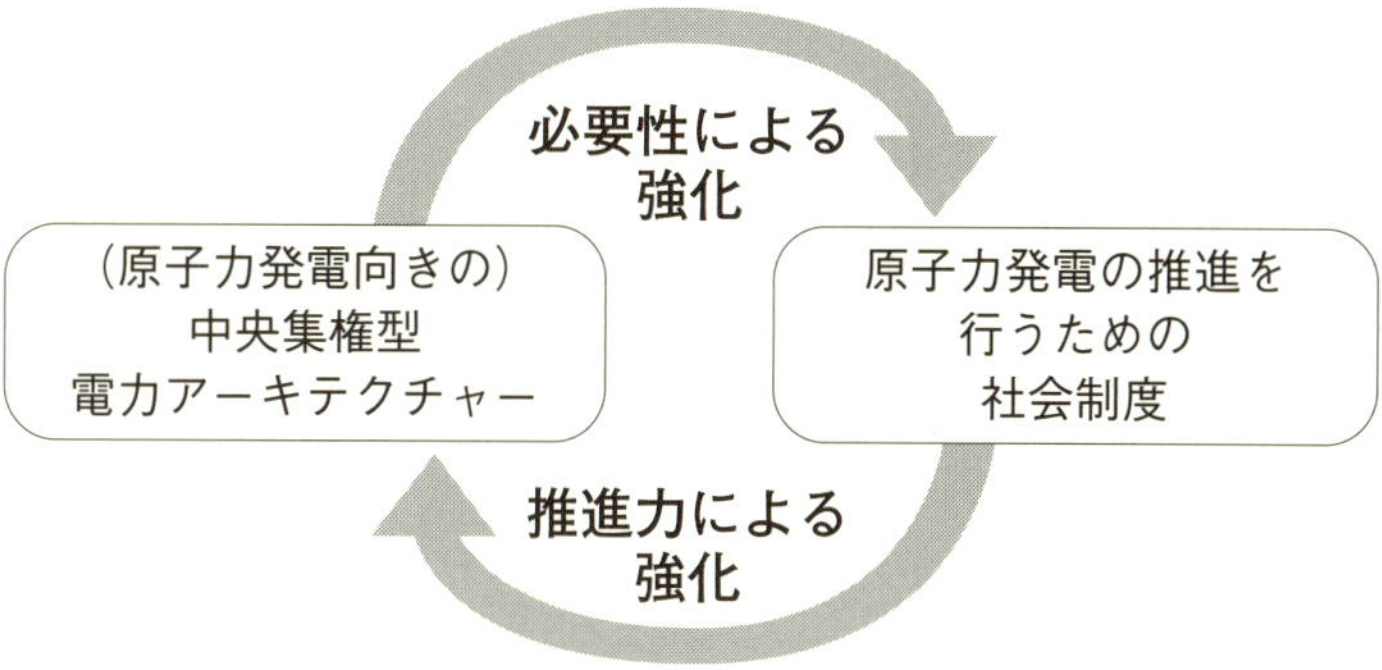

発電所を運営する事業体は、いちど原子力発電所を稼働させると、財務的に原子力発電を中心に据えるのが最も合理的になる。原子力発電所は初期投資が非常に高額である。また、廃止自体が技術的な困難さを持つことに加えて、その費用算定も難しい。一方で、ランニングコストは比較的軽いため、「今持っている原子力発電所をいかに効率的に運営するか」が経営上の最も重要な課題となってくる。

このために、原子力発電所以外の電力インフラの諸要素も、原子力発電所に向けて最適化され、前述の中央集権型基本アーキテクチャの強化が行われてきた。一例を挙げれば、日本の高圧交流送電網は、遠く離れた原子力発電所などの大規模発電所と大消費地をより効率的に結ぶという目的を最優先に導入されてきている。他の発電技術に関しても、揚水発電のように原子力発電を補完しやすい技術は積極的に導入されてきたといえる。

「電力インフラとは集中的・中央集権的に構築するもの」という技術的方向性が強化されることで、社会制度もそれをよりスムーズに運営するために強化されるようになる。個々の事業者はよりいっそう既存設備を活かす方向で設備運用や投資を行うようになり、加えて、原子力発電の設置に対しては、いわゆる電源三法などによる破格の国家による支援や、バックエンドコスト計上の先送りが許される制度が構築され活用される。

設置した送電線の有効活用といった技術的な観点においても、また設置自治体に対する補助金を代表とする社会制度的な観点においても、既設置地域への原子力発電の増設が最もスムーズに行いやすい。結果として、福島や若狭湾、下北半島などの「原発銀座」が形成されてきた。

一九九〇年代以降、部分的な電力自由化が検討されるようになった際も、原子力発電は「すでに用意された原発に最適化された社会制度的・技術的環境」を前提とできるため、コスト面でも原発は「ゲタをはいた」状態であり、優位な発電方式としての地位は揺るがなかった。

京都議定書以降、CO_2削減が要請された際に原子力が代替発電方式として選ばれたのも、技術的に成熟していて、大規模に代替可能な発電方式であるということと、「社会制度的かつアーキテクチャ的に」、既存事業者に取って選びやすいという構造的な側面が働いたのであろう。

戦後形成された九電力体制による、地域独占による「垂直統合」という運営形態は、このようなポジティブフィードバックループを加速させやすい体制であった。社会制度的な側面と技術的な側面が相互に強化され、電力インフラ全体がより集中的・中央集権的なアーキテクチャとなり、基幹となる発電方式として原子力発電が重視されるのが必然となっていったのである。

電力アーキテクチャの変化

ここで問題として検討したいのは、現行の電力インフラのアーキテクチャをこのまま継続すべきなのか、そもそもできるのか、という点である。

今後の電力インフラの方向性を考えるにあたって、もちろん目下最大の争点である「原発をどうするのか」という問題を無視することはできない。しかし、迅速な原発からの撤退を目指すにせよ、一定限度の原子力発電所を残すにせよ、二〇一〇年エネルギー基本計画のように、原子力への依存度を高める方向性に向くことは考えにくい。今は、これまで進んできた「原発を基幹電源とした中央集権的アーキテクチャ」へのポジティブフィードバックループが一旦止まった状態にあり、再考を行うべきタイミングである。

東日本大震災後、電力インフラについては、福島第一原子力発電所の事故により技術的には原子力発電所の安全対策面での杜撰さに注目を集める結果となっている。

しかし、今回のトラブルは、現行の電力システムの運用品質自体は本来非常に高いレベルにあることも改めて広く認識されるきっかけともなった。

諸外国とくらべた場合の年間の停電日数や周波数変動の少なさという日常的な電力品質の高さに加え、東日本大震災以降、東日本で広域にわたって主要発電所が原子力・火力とも運用停止に至ったにも拘わらず、首都圏で大規模停電が発生しなかったことは、電力系統運用能力が非常に高く、洗練されたものであることを示した。

松永・福澤の時代から、より大規模性・集中性を高める方向で発展してきた発電システムの「アーキテクチャと社会制度」について、前提条件をそのままと考えるならば、原子力発電の優位性は大きく変わらず、システムの中央集権的洗練の方向性を変える必要はないともいえる。

一方、前提条件が変わっているのだとすれば、アーキテクチャは変化せざるをえないし、そうであれば、いかに現行の電力システムが洗練されたものであったとしても、「これから」

を考えるには、技術的にも社会制度的にも、別の方向性を目指すことが必要となる。

そこで次に、アーキテクチャ選択の前提条件が実は変わっているのではないか、という点について考察していきたい。

本章で最初に上げた、現行電力システムの基本アーキテクチャの要素を再確認しておく。

一　大規模集中型の発電所
二　三相高圧交流の送電網
三　同時同量原則に従った電力供給

では、これは今後も維持していくべき原則なのだろうか？

現行アーキテクチャの最も大きな課題の一つに、この範囲では大きなイノベーションが期待できないという点がある。原子力発電所にせよ火力発電所にせよ、「熱源でお湯を沸かして蒸気タービンを回す」という基本構成での効率化は限界に達しつつある。

たとえば、現在の原子力発電所の熱効率は三三％程度とされるが、東芝／ウェスチングハウス社のＡＰ一〇〇〇型など最新型の第三世代原子炉は熱効率の向上も一つの特徴とはいえ、数％の熱効率向上にとどまる。

また、送電においても、高圧交流送電も、一〇〇万ボルト対応送電線が導入されているものの、実運用は電磁波の影響を懸念する反対運動もあり一〇年以上足止め状態であり、五〇万ボルトでの運用にとどまっている。大規模化しすぎているこのアーキテクチャを前提とする限り、大きな改善が期待しにくいのだ。

それでも電力システム全体にイノベーションがないわけではない。近年の大規模発電における最大の改良は、火力発電における熱効率の向上であろう。

一例として、ガスコンバインドサイクルを採用した川崎天然ガス発電所では熱効率が約五八％と従来型の火力発電より一〇〜二〇％近く向上しており、今後の展開が期待される石炭ガス化複合発電でも五〇％台の熱効率と、従来型の石炭火力発電にくらべて二〇％以上の熱効率向上が期待されている。これらの新しい火力発電所は、当面の主力発電設備の一つとして、既存原子力・火力発電所に代わっての導入が期待される。

しかし、今後最もイノベーションが期待しうるのは、基本アーキテクチャの範疇から外れる、現在では末端で小規模な形でしか導入されていない技術であると考えられる。巻末対談に登場される江崎浩東大大学院教授の言葉を借りれば、まさに「イノベーションは末端から生まれる」からである。

現状の基幹電源の比率を落とす

昨年暮れに成立した安倍政権の原発政策を読むと、前提一の大規模集中型発電所については、今後一〇年以上のスパンで、基幹電源は大規模火力か原子力であると見ているようだ。しかし、火力にはCO_2とエネルギーセキュリティ、原子力には安全性と放射性廃棄物問題という大きなボトルネックが存在し、その比率を減らす努力は必要であるともしている。

そのための代替エネルギー源として注目されているもののうち、地熱発電は「大規模集中型タービン発電」に近いが、他のエネルギー源は性質の違うものが多い。ざっと挙げるだけでも、太陽光発電や風力発電、小水力発電、燃料電池などは、おしなべて電源の性質がより小規模で分散的な性質を持つ。

これらの代替エネルギー源の導入・活用論に対する批判として、小規模性や分散性、出力の不安定さと、それに伴う既存電力系統への接続のしにくさが問題とされてきた。しかし、これらの電源は本質的にコンセプトが異なるのであるから、大規模タービン発電の効率運用を最大の目的としてきた既存系統に接続しにくいのは当然である。必要となるのは、基本的なアーキテクチャを代替エネルギー源を導入・接続しやすいものに変えていく、という方向性である。そうした方向での電力インフラ整備を今後の基本に据えることが必要だ。

また、電力に限定しないエネルギー変換効率という観点も大事であり、発電時に排出される熱を効率的に利用するコージェネレーションシステムは、小規模で分散的なほど活用がしやすいという特性もある。

現行のアーキテクチャが選択された福澤桃介・松永安左ヱ門の頃、これらの代替エネルギー源は存在しないか、全く実用にできないものであり、考慮すべき対象ではなかった。また、小規模エネルギー源を集めて活用するには、きめ細かい系の制御が必要となるが、その前提となる情報技術が比較的近年になって発展していることも重要である。

前述した一の「大規模集中型の発電所」に変化があるとすれば、基本アーキテクチャ要素の二の「三相高圧交流の送電網」と、三の「同時同量原則に従った電力供給」の見直しが課題となってくる。多様な電源・エネルギー源を活用するには、二と三からくる制約をどれだけ緩和できるかに、今後のインフラ整備の主眼を置いていく必要があるだろう。

同時同量原則、つまり「電気は貯められないという問題」については、確かに大規模な蓄電は未だ難しい課題である。しかし、近年の蓄電技術はかなり発展しており、小規模で分散的なエネルギー源との組み合わせにふさわしいバッテリー技術は増加しつつある。

また、いわゆるスマートグリッドにおいて、情報技術を活用することできめ細かい消費側の電力制御を行ったり、それと連携した蓄電技術を活用していく手法も、現在発展が著しい分野である。

高品位交流商用電力はどこまで必要か

分散的な電源を電力系統に接続すると、いわゆる「逆潮流」という課題が発生する。既存の送配電網が「大規模発電所から末端消費への一方的給電」という形態を前提としてつくられているのに対して、末端消費に近い場所に分散的に電源が配置されることで、逆方向に向かって電力の流れが発生してしまう。それによって、系全体が制御しにくくなるという問題である。

逆潮流が課題となるのは、まさにアーキテクチャの問題で、現行電力システムの基本アーキテクチャが「消費末端に近い場所で発電されることを想定していなかったから」である。今後の送配電網は、様々な形で逆潮流を積極的に活用するような形になっていく必要がある。

逆潮流対応の議論においては、電気の品質維持が課題になる。この点については過去にくらべると、電力に求められる「品質」である、系統全体の電圧の安定性と周波数同期の必然性に変化があることも注目に値する。電力用半導体によるパワーエレクトロニクスの発展により、交流商用電源をそのまま取り出して利用する消費形態の比率が減っているからだ。

近年最も電力消費の伸びが激しいのはPCや携帯電話を代表とするICT機器であるが、これらの機器は商用交流電力をそのまま使うことはなく、いわゆる「ACアダプタ」によっていちど直流電力に変換してから使う。ACアダプタを見れば、ほとんどの場合「一〇〇~二四〇V」と表記されているように、電圧も可変となっている。ICT機器は停電には弱いが、その対策は電力系統側に頼り切るのではなく、バッテリーや自営発電と組み合わせて対処する形になっているケースも多い。

これらの機器は、実は本質的には「高品位な交流商用電力」である必然は薄くなっている。もちろん交流システムである限り、全体の系統運用には全体の同期が必須要件であり、消費側でも半導体工場に代表されるように、停電がなく電圧・周波数の安定した高品質な電力を絶対的に必要としているところも多い。

しかし、「電力に求められる性質・品質」には、消費側機器の性質により本来かなりのバラつきがあるにも拘わらず、現状は「最も高い要求」に合わせて全システムが集中的に設計・運用されていることは、電力システムへのイノベーション導入を考える際には、再考すべきポイントである。

送電技術において、近年直流送電技術の発展が著しいことも注目に値する。直流送電要素を挟むことで、交流電力システム全体での周波数同期という制約が外れる。つまり現行の五〇ヘルツと六〇ヘルツの混在が問題にならなくなるということである。さらに、超伝導直流送電技術が実用化されれば、送電時の電力ロスがほとんどなくなるため、地域的にカバーエリアの大きなグリッドの相互接続の可能性が開けてくる。

このようにざっと見るだけでも、電力システムは、基本アーキテクチャを見直す価値のあるタイミングなのではないだろうか。

電源としての自動車

最近、トヨタのハイブリッド車である「プリウス」を利用したタクシーは普通になっている。これはタクシー会社の環境意識の高まり、CO_2排出抑制といったサステイナブルな考えが浸透してきたことも理由だろうが、直接的には燃料費の節約が大きいだろう。

しかし、もう一つの理由としては、燃費の向上による航続距離の延長が挙げられる。震災時には首都圏でもガソリンスタンドに長蛇の列ができたことは記憶に新しい。まだまだ走れるだけのガソリンが入っているにも拘わらず、次にいつ給油できるか分からないから列に並ぶという消費者心理により、水、トイレットペーパー、米、電池と並んでガソリンは震災後の首都圏で入手困難な商品であった。

一方、被災地ではガソリン・軽油、ＬＰガス（プロパンガス）を問わず、すべての燃料の確保はきわめて困難な状況であり、震災直後にはガソリンスタンドに燃料はあっても停電により給油ができない事態となっていた。

電車やバスが止まり、仙台空港が閉鎖された中、被災地を脱出するための長距離交通手段はタクシーしかなかった。こうした深刻な状況では、一回の給油でどれだけの距離を走れるかは重要な意味を持つ。

プリウスは、満タンの状態で八〇〇〜九〇〇キロの走行が可能という。一般的なＬＰガスタクシーでは四〇〇キロ程度である。結果として、プリウスには大災害への備えとしてきわめて有効な性能があることが明らかになったのである。現在では、ＬＰガスを併用できるバイ・フューエル車にプリウスを改造して、走行距離を一五〇〇キロにまで伸ばした車両を導入しているタクシー会社も出てきている。これは東京からなら無補給で北海道にも鹿児島にも行ける性能だ。

タクシー会社にとっては車両購入価格やメンテナンスなど、使い慣れたＬＰガス車にくらべてプリウスなどのハイブリッド車導入への課題はある。しかし自治体による事業者向けの導入支援のための補助金や、メーカー側のＬＰガス車生産中止の動きもあり、今後ハイブリッドタクシーの比率は全国的にますます高まっていくことになるだろう。それが災害時の移動手段対策としても機能することになるのだ。

大規模災害時の非常電源

東日本大震災のような大規模災害では、電力・ガスといったライフラインが途絶することは避けられない。震災当時、住民の方々が避難所の寒さに耐えられず、マイカーの中で寝泊まりする光景がよく報道されていた。また夜間の完全な暗闇を照らすためにも、車のヘッドライトはさぞ心強いものだったろう。もちろん灯油と暖房器具を備えていた避難所もあっただろうが、大多数の避難住民にとって、もっとも身近なエネルギー源は自動車の中の燃料だったのである。発電機を持っていた人は、タンク内のガソリンを抜いて使うことで、なによりも必要な電力を生み出すことができた。

このように電気の供給がストップした状況で、現状もっともアクセスしやすい燃料源は自動車の中のガソリンである。しかし、このガソリンが被災地で有効活用されたという話は寡聞にして聞かない。

被災地の外への避難、けが人の移送、行方不明者の捜索といった移動目的以外では、せいぜい車内暖房とラジオ（テレビ）の視聴にとどまった。これはガソリン自動車から家庭用電力を取り出すことが、そのままではできないからである。

家庭用電源を自動車からとるためには、シガーソケットのDC12VをAC100Vに逆変換するDC／ACインバーターが必要なのである。出力はインバーター製品の性能によるため、ドライヤー、冷蔵庫、扇風機、電気ストーブ、電気毛布、蛍光灯、炊飯器などの家電製品やモーターを使用している家電は使えない可能性が高い。

普通の自動車についている発電機（オルタネータ）の発電出力はエンジン回転数を上げても五〇〇～六〇〇Wぐらいなので、エンジン始動後でも、このような消費電力の大きい電気器具を使うとバッテリーがすぐに上がってしまう。それならばと、車のエンジン回転数を高回転で維持するとガソリンを多く消費し、発電効率は非常に悪い（前述のようにガソリン発電機を用いたほうが効率は格段に良い）。避難者の声にあるように、現在の生活では電気がないと何もできない。

東日本大震災における停電は、東北電力の懸命の努力により、一週間後の三月一八日にほぼ全域で復旧した。この一週間のための非常用電源として、自動車をもっと有効活用することはできないものだろうか。

「動く発電機」エスティマハイブリッドの性能

そうした中、被災地のある自動車が電源として大活躍した事例がメディアやインターネット上で話題になった。それが二〇〇六年に発売されたトヨタ自動車のミニバンである「エスティマ・ハイブリッド」である。

この車には、家族向けのレジャー用途としてキャンプ地などで大型の家電製品が使えるよう、最大一五〇〇Ｗの電源供給が可能なＡＣ１００Ｖのサービスコンセントが二つ、標準で装備されている。前記のシガーソケットからの給電とは桁が違う。最大一五〇〇Ｗの電力量は、一般家庭用の平日の昼間に動いている家電をまかなえるほどのエネルギーである。

実際、この車の所有者はこのコンセントから電源を、被災を免れた建物に引き込んで、照明や炊飯、冷蔵庫、テレビなどに使うことで不自由の少ない避難生活を送ることができたという。

なぜこうしたことが可能なのかというと、ガソリン車のオルタネータとは比較にならない大出力の発電能力を備えていることと、これまた一般のカーバッテリーとは異なる大容量の蓄電池をエスティマハイブリッドが備えていることによる。

エスティマでは、この蓄電池の電気が減ってくれば、エンジンが自動的に始動しタンク内のガソリンを使ってまた発電してくれる。一五〇〇Wを発電することのできるガソリン発電機だと、通常燃料タンク容量は四リットル前後にとどまり、八時間程度の連続運転でガス欠となってしまうが、エスティマハイブリッドの燃料タンクは六五リットルもあり、給電時間も利用方法次第だが数日に及ぶ。

トヨタ自動車でも被災地での活用事例を受けて、コンセント付きハイブリッドカーの「動く発電機」としての可能性に着目した。

その手始めに「Charge the Future Project」と題して、二〇一一年九月から四カ月間にわたって被災地の高校の文化祭ライブなどのイベントに、エスティマハイブリッドを持ち込んで電力を提供した。

政府も、震災後の電力危機の中、災害時における非常用電源として自動車から電力を取り出すことの重要性に注目した。二〇一一年六月には、経済産業省の「日本経済の新たな成長の実現を考える自動車戦略研究会」から、日本の自動車産業の窮状と課題を詳細に分析した「中間取りまとめ」が出された。

その第一章に、非常時における電源供給機能の提供手段として、電気自動車（ＥＶ）、ハイブリッド車（ＨＥＶ）、プラグインハイブリッド車（ＰＨＥＶ）の必要性が挙げられている。

ＥＶ車の蓄電能力

ここまでプリウス、エスティマといったハイブリッド車の電源としての可能性について述べてきたが、実はＥＶには、発電こそできないものの、さらに容量の大きい蓄電池が積まれている。

たとえば日産自動車の「リーフ」の蓄電池は二四kWhと容量が大きく一般家庭の約二日分、三菱自動車の「アイ・ミーブ」の蓄電池は約一日半分の電気を貯め込める。つまり発電機能がないＥＶでも、停電時の非常用電源としての価値は大きいのである。このように電気自動車が走行用モーターを駆動するために搭載している蓄電池から電気を取り出し、家庭用や事業者用の電力系統に戻して利用することを「逆潮流」という。

こうした要請を受け、日産自動車では二〇一二年六月からリーフを家庭用電源として利用可能にするシステム「LEAF to Home」の提供を始めた。震災時のエスティマ・ハイブリッドの活用は緊急的なものであったが、このシステムはEV／PHEVの蓄電池を恒常的に家庭用電源として利用可能にするものであり、実用化は日産自動車が世界初となる。

家庭用エアコンの室外機程度の急速充電器をリーフ横の駐車場などに設置し、家庭への電力給電を、系統からリーフへという「充電」と、リーフから系統へという「配電」を自動的に切り替えることができるものである。夜間の安価な電気をもちいて充電し、ピークシフトに対応して配電するという自動切り替え機能も搭載している。

「電気自動車が貯めている電力は停電時の備えにもなる。リーフが搭載する蓄電池の蓄電容量は二四kWh。一方、住宅向けの据え付け型リチウムイオン蓄電池の蓄電容量は多いものでも五～七kWh。リーフの蓄電容量は産業用の大型蓄電システム並みといえる。満充電時なら一般家庭が必要とする電力を、およそ二日間にわたって供給できる」

経済産業省が実施している電気自動車充電設備向けの補助金制度を利用すれば、ユーザーは三三万円の負担で購入することができる。

トヨタ自動車も二〇一二年六月に、車載リチウムイオン電池の電力を外部に供給できる機能を持ったプラグインハイブリッド車「プリウスPHV」を用いて、日産自動車と同様の「V2H（Vehicle to Home）システム」を開発したと発表した。プリウスPHVには年内にも、AC100Vのコンセントを追加する予定だ。

「プリウスPHVが搭載するリチウムイオン電池の容量は、一般家庭が使用する一日分の電力（約一〇kWh）の半分以下となる四・四kWhで、リーフの五分の一にすぎない。しかしプリウスPHVは、リーフと異なり、ガソリンを使ってエンジンで発電できるので、搭載しているリチウムイオン電池の容量よりも多くの電力を供給でき、ガソリンタンクが満タンであれば、一般家庭が使用する電力の四日分に当たる約四〇kWhまで供給できる」

このようにEVやPHEVの比率が高まっていけば、従来とは比較にならないほどの蓄電池が社会に存在することになる。そのようになれば、災害時の非常電源としてだけでなく、日産やトヨタの開発したシステムのように、スマートグリッドの中に組み込まれた電力供給の構成要素となる。換言すれば、スマートグリッドの成立には各家庭における大容量蓄電池の存在が鍵の一つとなる。

自律分散型発電社会へ

現行のアーキテクチャはあまりに長い間続いてしまっており、その範疇の中での効率化やイノベーションには限度がある。一方、新しいイノベーションの可能性は、従来のアーキテクチャにおいて軽視したり例外的なものとして扱われていたものの中から生まれることが多い。前出の江崎教授の言葉を借りれば、イノベーションは「末端と現場から起きる」ことを考えると、そもそも現行の電力インフラはその中央集権的構造のゆえに、イノベーションが起きにくい、あるいは起きても導入しにくい構造になっている。現在、電力インフラの技術と制度に期待されるのは、「いかに新しいイノベーションを導入しやすい形に変革できるか」という課題ではないだろうか。

本著執筆に向けた議論を続ける中で、現行のアーキテクチャとそれを前提とした社会的制度が、新しい方向へ進むためのボトルネックとなってしまっていることを改めて認識する結果となった。今求められているのは、次に示すようなポイントを含む、「自律分散的な電力システム」を目指した、電力アーキテクチャの再構成である。

一　大規模発電所と合わせた、中小規模分散的電源の積極活用
二　直流送電や蓄電装置などの代替送配電技術の積極活用
三　インテリジェントに制御できる、末端消費を前提としたスマートグリッド

社会制度としては、このような「方向性の変化」を加速するような制度設計が求められ

るだろう。

電力自由化の議論は進みつつあり、発送電分離も形態の選択に議論はあるが進むだろう。ただし、原子力からの全体的な撤退が起きることも前提とすると、電力自由化は当初期待されていたような、電力料金の削減には短期的にはつながらないと考えられる。

むしろ、電力自由化や「発送電分離」に期待される役割は、現行アーキテクチャにがんじがらめになっている電力事業者を解放する役割である。現行アーキテクチャのまま行き詰まる前に、新規参入者も含めた電力事業者が様々なトライをし、中長期的な電力システム全体の改善、とくに環境負荷などの外部費用の削減も含めたコスト削減につなげる取り組みをできるだけ加速するような制度設計を考えるべきであろう。

「一律で統一されたサービスを供給するべき」という仮定も考え直すべきであり、様々なサービスモデルができないといけないだろう。

最後に、どのような電力システム、どのようなアーキテクチャを選ぶのかということになると、それは広い意味での民主主義につながる。

再生可能エネルギーを増やしたいのであれば、そのためのコストを支払う必要がある。原子力発電を止めたいということであれば、ドイツのように国民投票を行うべきであろう。

日本における最大の問題は、エネルギーは与えられるもので、自ら選ぶものではないということだ。自ら選ぶということは、どの会社から電気を買い、どの電源からつくられた電気を消費するか、もしくは自ら発電するかを選択できるということである。

これらのことは「電力自由化」というくくりで議論が行われているが、より根源的にはエネルギー民主主義なのだといえる。これを原点としない限り、新しい電力アーキテクチャをわが国で確立することは困難であろう。大震災後初となった今回の衆議院選ではエネルギー問題が予想を裏切って争点とならなかったのは残念であるが、いつかは長い道のりの果てに憲法改正において国民投票が実現されるかもしれない。二〇〇七年に成立した「日本国憲法の改正手続に関する法律」では、憲法改正案は関連する内容ごとに提案され、それぞれの改正案ごとに投票することができると定められているのである。

私は、自律分散型発電社会を提唱するものであるが、すなわちそれが再生可能エネルギーの全面的な導入を意味しているわけではない。現状、原子力や火力に替わりうるエネルギー源として見なされているのは洋上風力発電や地熱発電だが、それらは大規模であり消費地から離れているために長距離送電が必要であるという点では、旧来型のアーキテクチャの発電部を置き換えることに過ぎない。真に自律分散というのであれば、無数の発電所が存在し、その数の力で発電規模を補完できるような社会を目指すことである。そのために必要なのが、様々な形態で無数に存在する発電所から電力を受け入れることのできる系統であり、それを可能とするスマートグリッドなのである。

小型の発電所とは、家庭の屋根にとりつけたソーラーパネル、家庭用コージェネレーション機器、ハイブリッド自動車（HEV）から小規模水力、学校などの庭に建てる風力、農村部におけるバイオマス、再開発エリアにおける地域型コージェネレーションといったものまでが含まれる。またネガワット（省電力）も発電の一形態と考えるのであれば、一軒々の家屋の断熱性を高めることも自律分散である。暖房を必要としない「パッシブハウス」もすでに実用化されている。

ヨーロッパのように大陸全体でグリッドが構成され、電力が融通可能となっている地域と違い、現状でのわが国は国単位で独立しており、また国内でも周波数問題から東日本と西日本を越えた融通ができない。大規模集中型の発電所、一方向的な高圧送電網、独占的な事業者による供給サイドの論理で設計された現行アーキテクチャの脆弱性を経験したいま、小規模で無数に分散した発電所、そこからの電力供給を受け入れ、なおかつ需要をスマートにコントロールできるグリッドの構築こそが、我々が選択していくべきアーキテクチャである。

さいごに

かつて私が、「東京電力は民間企業ではない」というと周りのものによく笑われたものだ。どうして株式上場をしている会社が、民間企業ではないのかと。しかしそんな一般の人の意識も三・一一による福島第一原発の事故を契機に一変した。

もちろん電力会社は公社ではないが、「国策民営」であることを考えると、基本的な問題点が、かつての国鉄と重なる部分が多い。

アダム・スミスの時代のように、企業の利益追求が、そのまま公共の利益をもたらすという保証がなくなっている今、利益の交換という市場経済で取り残される分野がある以上、公共の利益を達成するために公的分野の役割があることは当然だ。

従って公共的責任は、公共の利益を市場経済が達成するように市場経済を補完し、刺激し、誘導することにある。言い換えれば、公的分野の公共的責任は市場経済の足を引っ張ったり重荷になってはならないのだ。他方、公的分野の足かせや重荷が許されるのは、そのことによって公共の利益を損なわない範囲においてである。

そう考えると、原発はあまりに危険であり、国民にとってコストが高すぎる。原発を稼働してコストを料金に全て転嫁すると、電気料金を大幅に引き上げなくてはならなくなる。

さらに、使用済核燃料については、原発と青森県の六ヶ所村の燃料プールに大量に保管されており、数年で保管場所がなくなる。使用済核燃料の処理ができないということは、経済的にはその保管費用・処理費用は無限大にのぼる。つまり、原発を稼働し続ける場合、正しい会計をすれば、損益計算書に巨額の費用を計上することになり、毎期大幅な赤字になってしまう。そのため、原発を稼働し続ければ、逆に電気料金を大幅に引上げなければならなくなるのだ。

こうした国民の負担を考えると、原発を再稼働する必要などなく、むしろ一刻も早く、原発を廃炉にすることが、経済的に正しい。

原発がなくても問題がないことは一昨年の夏すでに実証されている。関西電力は、電力不足を理由に大飯原発を再稼働させたが、それと同時に火力発電を停止した。つまり原発はなくても電力は十分だったのだ。火力発電だけで電力は十分に供給可能だった。火力だと燃料費がかかるというが、仮に経常収支が赤字になっても、為替レートで収支は調整されるので全く問題がない。それに為替レートが円安になれば国内企業にとっては輸出競争が高まり、かえって経済の活性化につながる。

松永安左ヱ門のつくった九電力体制は、地域分割で独占の弊害を是正しようとしたものだったが、今では、政府と癒着し、利用者、国民を無視し、独占の弊害が明らかになっている。かつて国鉄は、独占を排除し分割民営化により、利用者や国民を向いた経営に転換した。

国内の電力消費量は二〇〇七年度をピークとして低下傾向にある。これはLED電球や省エネ型の家電製品が普及しているためだ。家庭や企業において省エネ設備の買替えが進めば、それだけ消費電力の減少につながる。

家庭や企業においても、節電が定着しているが、さらに猛暑の夏の午後のピーク時に電気を節約するだけで、電力には大幅な余裕が生じる。また大企業などでは、火力発電設備をはじめ、太陽光や風力などの新しい発電設備の増強に取組んでおり、わが国全体では、この一年間で原発約六基分の発電能力が増加している。また、東京都などが天然ガス発電事業の支援を表明するなど、今後とも電気は十分足りる見通しだ。

第五章で具体的に検証し、提案したように、電力の技術革新も急速に進み、地産地消や水素を用いた新たな発送配電方法が発達することが予想される。こうした技術革新の中で、そもそも、原発に依存した巨大電力会社体制は恐竜のように絶滅の運命をたどるだろう。「古い電力である」原発を維持・再稼働しても、決して日本経済は再生しない。むしろ脱原発に舵を切ってこそ、新しい産業おこしと雇用創出につながる。

日本はためらうことなく「原発即時ゼロ」に向かうべきだ。そしてかつて私が第二次臨時行政調査委員会・部会長として関わった国鉄改革のように、電力への官の介入と管理をはねのけ、福澤諭吉由来の真の「民間自立」を実現し、国民の手に安全な電気を取り戻さなければならない。

これは私の遺言である。少なくともその端緒を見届けないかぎり、私は死んでも死にきれない。

本書は、原発事故発災後、慶應義塾大学経済学部、SFC（慶應義塾大学湘南藤沢キャンパス）、千葉商科大学、嘉悦大学などで私の教え子たちと侃々諤々と議論を重ねるなかから生まれた〝協働の産物〟である。もちろん私と意見が異なる者もいるが、かつては「紅顔の徒」であった彼らがいまや立派に成長をして、むしろ私が「負うた子」に教えられることがしばしばで、教師冥利につきる至福の時を共有することができた。

以下に名前を記して、謝意を表したい。

岩下和了、貫洞玲子、遠山緑生、田尻慎太郎、野波良平、藤澤憲、平井友行、古澤伸浩、村上篤男、谷田貝孝。

さらに、本書の掉尾を飾る対談に応じていただいた吉原毅城南信用金庫理事長、江崎浩東京大学大学院教授、特別寄稿をいただいた曽根泰教慶應義塾大学大学院教授に心より感謝を申し上げる。

なお、加藤寛名誉教授はこの著の初稿に目を通されたところで亡くなられた。些か未完稿ではあるものの、故人の原発即時撤廃に対する強い意志と最期に世に問いたいとの強い思いに鑑み、修正は最低限に留め、今般出版の運びとなった

（編集部）

対談

「今、何が求められているのか」

協同組合的視点から
国策民営と原発問題を考える

加藤寛

VS

吉原毅

城南信用金庫理事長

吉原 毅（よしわら　つよし）

城南信用金庫理事長。

一九五五年、東京都生まれ。慶應義塾大学経済学部卒業。同年、城南信用金庫入行。同行理事兼企画部長、常務理事、専務理事、副理事長を経て現職。

二〇一二年に、「原発に頼らない安心できる社会」を目指す「城南総合研究所」を設立。名誉所長に加藤寛氏を招請。

主な著書に、「城南信用金庫の『脱原発』宣言」（わが子からはじまる　クレヨンハウス・ブックレット）、「信用金庫の力 ― 人をつなぐ、地域を守る ―」（岩波ブックレット）などがある。

市場モデルがもたらしたお金の暴走

加藤　今日は、吉原さんが信用金庫の理事長の立場で、東電問題や脱原発に関して日頃お考えになっていること、取り組んでおられることを存分にお話しください。

吉原　まずお金の話をさせてください。日本の金融自由化の話から始めます。

日本は戦後、ずっとモノづくりで頑張ってきて目覚ましい勢いで復興を遂げたわけですが、貿易で劣勢に立たされた米国は新たな国家戦略として、日本に「金融市場開放」を求めてきました。

詳しい説明は省略しますが、この米国からの外圧によって一九八〇年代以降、金融自由化が進展し、一九九六年から二〇〇一年にかけて実施された「日本版金融ビッグバン」という金融制度改革によって、日本のお金は国際市場に引き出されグローバルに流れるようになったのです。

米国の「金融グローバリゼーション戦略」によって世界的に進んだ金融グローバル化は確かに良い面もあったのでしょうが、結局のところ自由主義経済、市場経済をあまりにも野放しにしたため、市場原理主義という嵐が吹き荒れ、「マネーゲーム」に翻弄されてしまった。「お金の暴走」が世界的規模で巻き起こったのです。

世界規模でお金をコントロールする機関は、ＩＭＦ、ＦＲＢ、世銀と、いろいろな組織がありますが、やっぱりコントロール不能になっている。これまでは比較的、国単位でケインズ政策によりコントロールできていたことが、グローバル化してしまったので、それができなくなり、非常に難しい問題が起きているわけです。

お金の猛威とは「これ程すごいものなのか」と痛感しています。

加藤　改めて「お金って何だろう」ということだね。

吉原　経済学の教科書では、お金には価値尺度、交換手段、価値保存という三つの機能があると書いてあります。いわゆる貨幣機能説ですね。確かにその通りなのですが、最近読み返してみると、「これって全部、個人主義？」と思いました。

交換手段というのは、つまり、何かと交換でなければモノをあげないことです。価値保存というのは、皆に分け与えずに、全部独り占めすることです。

価値尺度というのは、〝自分のために世界はある〟。自分を主体に、自分以外のヒトもモノもすべて客体と捉え、お金で価値を測るのですから、自分以外のものは自分のための単なる道具としか考えられなくなってしまうのです。主体客体概念はここから生まれました。このように自分本位を助長するのがお金の本質といえます。

裏を返せば、自分を保証するのがお金。自意識の確立とか、人間の自由の根源ともいえるのでしょうが、一方で人間の思い上がりというマイナスの面もある。お金は、紀元前四千年にメソポタミアの都市ウルクで生まれています。以来、人間はお金と共に成長を遂げました。一方、お金の弊害も拡大したため、宗教や法律などでお金の暴走を防ごうとしました。ザラスシュトラやソクラテス、孔子、釈迦、キリストらは利益中心の物事の考え方に警告を発してきたのです。

お金の本質は〝エゴイズム〟。お金とは、人間の頭の中で肥大化した自意識そのものです。個人主義、合理主義といったものが投影された「幻想」に過ぎません。このお金という幻想を、わたしたち人間は絶対的なものであるかのように考えてしまいます。

世界中の物事を「数」として抽象化して考え、数によって世界を理解し、支配したように思い込むことを「合理主義」と言います。ピタゴラス、デカルト以来、こうした人間の思い上がりを助長する「数」という概念が、お金を〝麻薬〟にしているのでしょう。これは、もう「拝金主義」あるいは「拝金教」という宗教の一種だと思います。わたしたちは早く、「現代人は、お金という宗教に囚われている」ということに気づくべきです。

二〇〇九年採択の「国際協同組合年」の意味

加藤　なるほど。そこでもう一度、金融グローバル化について突っ込んでください。

吉原　米国の「金融グローバリゼーション戦略」はバブルを膨張させ貧富の差を拡大した挙句、とうとう二〇〇八年、サブプライムローン問題に端を発する「リーマン・ショック」が起き、世界規模の金融危機を招いて、世界経済を大規模なデフレに陥れました。

世間一般にはあまり知られていないでしょうが、二〇一二年は国連が定めた「国際協同組合年」でした。実はこの決議は二〇〇九年に採択されたのですが、背景には世界を混乱させるお金の暴走を防ぐには協同組合運動が有効ではないかとの期待がありました。私は「国際協同組合年」を、金融グローバル化によって異常な方向に進んだ現代社会を正常な方向に戻す契機にすべきと考えています。

少し視点を変えて、経済活動を国家の計画に委ねた場合と市場の民間に任せた場合を考えてみます。結論を先に申し上げると、どちらにも問題があった。それはどちらもエゴイズムに陥ったからです。

国家の場合、組織の中での命令する人と、命令を受けて仕事をする人、二つの階層分離が不可避的に生じます。このため権力の集中や貧富の格差が進み特権階級が生まれます。いわゆる「組織の疎外」ですね。

一方の市場の場合、米国が典型的ですが、法外に儲ける人もいれば、まったく職にあぶれてしまう人もいる。ウォールストリートでストをしているような人たちも増え、市場において貧富の格差が拡大していても他人を顧みない状況が起こっています。

どちらもエゴイズムや道徳的荒廃が進み、国家や社会の崩壊を招きかねないという問題になっています。この深刻な状況を是正するための解決策として何があるかといえば、それは、結論を先取りして言えば、日本的経営への回帰だと思います。

〝日本的〟企業あるいは〝日本的〟共同体の良さを見直すべきじゃないかと思います。そしてこれに近い考え方が、協同組合主義なのです。

つまり組織の中で人と人がお金だけ、経済だけで関係性を持つのではなく、善意、助け合い、贈与といった様々な社会交換ができる言語と共感のうえで、より大きな人と人とのつながり、コミュニティを回復する必要があるのです。

国家的規模の組織や大企業組織ではなく、また市場というお金だけで人間がつながるモデルに依拠するのでもない、人間社会は様々なメディアによってつながっていくものだと思うのです。これが人間本来のあり方ですし、これによって人間のトータリティが回復されるのです。

つまり合理主義に対する反合理主義というヨーロッパの思想がありますが、その反合理主義という思想の復権ですね。現代風にいえば、近代経済モデルの反合理主義による修正ということでしょうか。そしてそれを具現化し得るのは共同体的経営、まさに協同組合主義あるいは昔の日本的経営です。こういったものを復権しなければならないと思っています。

理想の企業形態の模索から生まれた協同組合組織

加藤　その協同組合について解説してくれますか。

吉原　協同組合の歴史は、一八四四年に英国のロッチデールという町で起こった運動を起源とします。

労働者が高いパンを買わされているが、彼らが幸せな暮らしを送ることができなければ長い目で見た場合、社会はおかしくなってしまう、とロバート・オーエンという人が演説しました。

オーエンは「産業革命はお金の弊害をもたらし、人々はもののように扱われるようになり、尊厳を失ったが、人々が豊かにならなければ国家・社会は正しく発展しない」として一八三四年に全国労働組合大連合というナショナルセンターを世界で初めて組織した指導者です。この社会改革家の思想的影響を受け、労働者がお金を出し合い「公正先駆者組合」という生活協同組合が創立されました。これが協同組合の原点です。

協同組合は株式会社と何が違うかというと、株式会社では大株主が「資本の論理」で独裁的な企業運営が可能となります。政治学では、一番危ない体制は独裁主義と全体主義だといわれています。どちらも良くないのですが、共通しているのは、独裁者も全体主義も一つの考え方だけを正とし、問答無用でその他の議論を無視してしまうこと。人間として考えるためのコミュニケーションや議論を全部切り捨ててしまう。これは人間疎外やモラルの欠如を惹き起こします。そういう危険性を孕んでいるのが株式会社の問題点なのです。

これに対して協同組合は、「一人一票」という平等原則を採用しています。いくら出資しても議決権はみんな平等で民主的です。民主的であることが政治的に正しいかどうかは別にして、少なくとも必然的にコミュニケーションが成立するはずです。話し合いが行われれば、そこに何らかの良識が生まれることは期待できます。

このロッチデール・モデルは、明確な考え方を持った一人一人が話し合いの中で意見の一致を探って行こうという運営方式なのです。このようなコミュニケーションの中にこそ、人間疎外を克服できる契機があるのではないかということで生まれたといわれています。

市場経済を是正しなければならない。「市場の失敗」を補完して、しかも大会社・大組織の持つ大きな組織上の問題「組織の失敗」も同時に解決しなければならない。今でいうコーポレートガバンスです。このような背景から協同組合は生まれました。

「経済学の父」と呼ばれている経済学者のアダム・スミスは「国富論」で、「上場株式会社は株主の利益のみ追求するため、これが増え過ぎると国家・社会にとって望ましくない」と警告しています。当時、「南海泡沫事件」という有名なバブル崩壊の事件も発生し、すでにその危険性は認識されていたわけです。

アダム・スミスは、大量のお金を集めるには株式会社は便利だけれども、だからといって株式会社でなければいけない理由は一つもないと、そこまで言ったのです。だから株式会社は完璧なシステムではなく、もともと欠陥のある制度だということだったのですね。それを是正するために生まれたのが、協同組合。理想の企業形態を目指した一つの試みとして生まれたのです

加藤　協同組合組織の良さは理解できるのだが、世間一般に決して上手くいっているとはいえない協同組合もあるようだね。

吉原　その通りです。協同組合にも堕落があります。独占企業体や、ある程度安定した企業と同様、どうしても経営者の〝オタク化〟は起こりえます。これは外部とのコミュニケーションを断絶したことから生じるもので、そうなると自分のことばかり考えるようになります。

たとえば、協同組合にも世襲をやっているところがあります。世襲にも、いい世襲と悪い世襲がありますが、二代目、三代目になると独善的になりやすい。やはりこれは排除し

なければなりません。創立の理念を大切にし、自らに厳しいルールをつくり、制度を整え、外部とのコミュニケーションに努める。そうしなければ、組織や人間が劣化してしまいます。

私の信用金庫では、役員は四、五年ごとに交代させます。理事長の私を含めて六〇歳定年。絶えず入れ替わるのだから、自分の限られた任期に全力を尽くしなさいということです。こういう工夫を入れながら、本来の目的を見失わないように、環境の変化に即して制度を変えていかないと、協同組合というだけでは、堕落は防げないという気がします。

協同組合主義の立場から見た国策民営と原発政策

加藤　その協同組合主義の立場から、国策民営や原発政策についてはどう思いますか。

吉原　人類の歴史上、お金は大変な発明ではありますが、お金に毒されない生き方、コントロールしながら健全に使うということこそ大切なのではないでしょうか。原発問題を考える時、そういう基本的な考え方、原点に一度立ち戻る必要があると思っています。

お金が儲かるから、「いいや、いいや」でやってしまった。取りあえず目先、自分さえ良ければ「それでいいや」とやっている。そういう意味で、原発も「市場の失敗」や「政治の失敗」であり、その根源である「お金の弊害」「自己中心主義」が生んだひとつの現象ということができるのではないでしょうか。

加藤　（大震災以降）みんなが節電をしているのに、何故割引をしないのか。これは疑問だね。東電はやっぱりおかしいね。赤字の発電事業で節電すれば、その分マイナスが減ってプラスになるはず。その分を節電に協力したユーザーに返さないというのがおかしいなあと思っているんです。今のお金の問題はまさにそれですよ。

吉原　先生の仰っていることは、サービスをいろいろ要求するのなら、その対価を払うのが民間企業。ところが東電はひどい。割引をしないどころか、節電をしないと企業にペナルティーを科す。一〇〇万円を取られるのですよ。頭にきますよね。

だから企業は、だいたい午後一時ぐらいになると、ピークを超えないようにピークカットをしています。協力しろと言われれば協力しますが、超えると「豪（えら）いことになるよ」と来たわけです。

都合のいいところは民間企業の皮を被り、やることは政府以上に官僚的です。計画停電もそうです。いきなり「ここを計画停電するから」と止められて、うちの支店は幾つも三時間の計画停電。オンラインも止まれば、電気も消える。三時間経つのをじっと待って、ようやく復旧した夜中の十一時ぐらいに端末を立ち上げ勘定を締めて、それから帰る。そのことに対してお詫びのひとつもない。責任をとった人もいない。うちなどはまだいいです。お客様の町工場では、停電でラインが止まって作りかけの製品がすべてダメになりました。

加藤 どうして株式会社の中で官僚体質が起きるのか。東京電力は官僚組織そのものだと思うけど、なぜ、いつのまにそうなってしまったのか。

吉原 少し前まで、銀行も結構偉そうでした。やはり外部から叩かれて、大分意識が変わってきた。一度、コテンパンにやられないと変わらないのでしょう。

加藤 国民の声がないんだね。その意味では、曽根泰教さんがやった討論型世論調査（巻末寄稿参照）の考え方は間違ってはいない。

松永安左ヱ門は、電力会社が地域分割により地域独占となる際、地域ごとに公益事業委員会を設置して、そこに地域住民の声を反映させて価格の正当性を評価すべきと提案したね。

吉原 本当ですか。

加藤 しかし実際のところ、そのアイデアは潰された。価格の公正性を評価するという仕組みが機能していないために、「俺たちが電力を供給してやっているんだ」という意識が芽生え、身についてしまったのではないかな。だとすれば、その意識を変えないと……。

戦後の電力体制の何が悪かったのか。地域分割までは良かったが、独占が拙かった。独占をしたことによって政府とのやり取りがものすごく増えているわけだね。その一方で民営化しているわけだから、一体誰を見て経営しているのか分からなくなっている。経営は間違いなくお客を見ればいいのだが、まず政府と株主を見ている。基本的にお客の声というのは、圧倒的に小さいからね。一人ひとりの声はすごく小さいわけだから、経営者が自分の最大利益を考えれば、株主の利益と経済産業省を見ている方がはるかにメリットがあるということだね。

吉原　つまり電力産業では、典型的な「市場の失敗」である規模の経済が働くので、独占にせざるをえないものの、国全体の独占ではあまりにも酷いので地域独占の形とした。経済学的には正しい選択ではあったが、経営の緩みが出てきて、悪いことをやっても誰も見ていないという問題が生じました。これは民意を反映させる仕組みになっていないからです。協同組合主義にするか、利用者の合議で経営する形にするか、いずれにせよ何らかの監視の仕組みを入れなかったのが、そもそもの失敗の原因ですね。

少し視点を変えますが、アダム・スミスの『道徳感情論』という本。私も難しいなと思って、斜め読みをしているだけなので、あまり言えた義理じゃないのですが、やはり道徳というのは話し合いの中にあるのだと感じています。

第三者を意識しないのが正に独占企業です。コミュニケーションが不要だから、第三者を意識しないで済むのです。ところがコミュニケーションが欠如すると、そこで働くメンバーは次第に道徳的に劣化していきます。大企業のトップレベルに道徳的な意識が希薄化しているのもそういうことです。

いや大企業だけじゃなく、ほとんどの企業のトップレベルはコミュニケーションが足りないと私は感じています。だからコミュニケーションを取らざるを得ないような状況、第三者の目に晒される環境をつくり出すために、外部から揺さぶり、刺激を与えるという意味では分割とか競争政策は有効です。

『失敗の本質』（一九九一年・中公文庫）という本がありますが、こちらは現場とのコミュニケーションの問題。日本の官僚は、原発事故も含め現場を無視します。自分たちだけの内輪で固まってコミュニケーションを取ろうとしない。官僚たちは道徳的にどんどん劣化し、誤った判断を合理的な装いで非合理に検討してしまう。エゴイズムとコストの問題が出てきます。コミュニケーションの欠如した経営者には、同様の問題が生じてくる危険性を認識すべきです。

加藤　教育もあるね。競争がどれほど重要であるか、これは教育でも取り扱うべき問題です。

吉原　先生の言われる、制度ではなく人間教育が大事という話、本当にそうだと思います。

いくら制度をつくってみても、魂入れず。人間というもう一つのシステムがエゴイズムで染まってしまっては問題の解決にはならない。

自分のことではなく、皆のことを考えられる経営者がどれだけいるか。そのような経営者が育つシステムをどのように構築するか、と考えてみると、やはりコミュニケーションの問題に行き着きます。

独占企業の地位に安住して楽な（競争のない）仕事をしていると、他人の意見に耳を傾ける必要性もなく、いつの間にか自分本位になってしまう傾向がある。そういう環境に身を置くと、「欲を捨てよ」と言ってみたところで、なかなか理解できなくなります。「欲の何が悪いのか」みたいな、自由主義の間違った解釈が蔓延して、自分を守ることばかり考えるようになっています。

そこで、たとえば、東電を協同組合にしたらどうでしょう。利用者が代議員を選んで、その代議員が経営者を選ぶ、そういう仕組みなら十分可能だと思います。今回の原発事故のような場合、代議員選挙で選ばれた代議員は、東電がおかしなやり方をしたら、その反対派から経営者を選び直し、話し合いで経営方針を決めるのです。

もともとＥＥＣ（欧州経済共同体）は、共同体的に石炭を利用する目的でつくられたというぐらいですから、エネルギーなど公益的なものは共同体的運営に馴染むのではないでしょうか。株式会社＝独占企業体に任せると、外部の話に耳を傾けない。その状況をこれまでずっと放置してきたことが問題なのです。

独占企業体にするなら、独占的立場で外部に耳を傾けない仕組みを防ぐための〝広域委員会〟を作る必要があるでしょう。共同体として全員の意見が何らかの形で反映されるようなコーポレートガバナンスの統治形態をしっかりと備えなければなりません。

あるいは、より一層、民営のまま分割して競争を導入することで、外部に対してもっと関心を持たないと自分たちが淘汰されるという危機感、緊張感を持たせ、外部に耳を傾けさせる。外部とのコミュニケーションを回復させることが目的で、メンバーへの教育効果もあるでしょう。我儘なことを言っている場合ではない、人の話に耳を傾けようと。

城南信金の脱原発への取り組み

加藤　次に城南信金の理事長として、脱原発への取り組みについて聞かせてください。

吉原　わたしは城南信用金庫の経営トップを二〇一〇年の一一月一〇日に引き受けたのですが、就任間もない翌年三月一一日に東日本大震災という大変な事件が起きました。その時一番に私が思ったのは、協同組合には社会貢献のため、地域を守るために生まれたという理念がある。そのことでした。

日本の会社はいずれも志と明確な目的を持ち、利益自体を目的とせずバランスを取りながらやって来ました。これは日本企業の伝統です。城南信用金庫にもこのような伝統があり、三・一一のあと、どう行動すべきか本当に悩みました。地域を守るといっても、東京と神奈川だけでなく、東北の被災地も視野に入れなくてはおかしいじゃないかと。協同組合が自分の地域だけのことを考えて閉鎖的になるとカルト集団化してダメになる、開かれていなければいけない。開かれたコミュニティが大切だろうとの結論に至ったのです。

こう考えれば、守るべき〝地域〟は広がりを持ち、東北もコミュニティの一部と言えます。自分のことだけ良ければいいやとはいかない。それはまさに、悪しき個人主義として協同組合が一番先に否定したものであると考え、東北支援を始めました。ただ東北支援を始めたものの、福島の原発事故をどうやって支援できるのかについては具体的なアイデアは思い浮かびませんでした。

そんなとき福島の信用金庫から、採用内定取消し者を引き取ってもらいたいという要請があり、どうしたのかと聞いたら、店舗数が半分になりましたと。つまりゴーストタウン化です。とてつもない話だなあと。うちでいうと八五店舗のうち、四〇店舗がなくなる。東京、神奈川がそんな状態になったら、これは想像もできないと思ったわけです。もちろん、全員おこしくださいと回答し、希望者四名を採用しました。その後、そのほかの被災地の信金にも声を掛け六名を受け入れることになりました。

加藤　まさに協同組合の発想だね。「共助」ということ。

吉原　原発はクリーンなエネルギーだとCMで言っていましたが、調べてみたら出てくるわ、出てくるわ。今まで隠ぺいの歴史であることが、つくづく分かりました。事故が起こる、必ず被曝する非合法の労働者たち。そうして無理やりなんとか維持してやっているような、ハイテクでもなんでもなくローテクで、非常に危険な産業で、しかもコストが安くない。事故が起きれば隠ぺいする、立地環境も、危険な断層がないかのようにねつ造する。よくここまでやるなということが、次々と分かってきたのです。

隠ぺいの歴史にしても酷すぎます。ウソをウソで塗り固めて。しかも驚くべきことにマスコミは、事故が起きた時も、原発を止めるわけにはいかないと言って、誰が言ったか分からない関係筋によるとか、識者によるとか、まさに世論誘導のリーク記事を流すのですね。原発を止めたら日本は江戸時代に戻るとまで言われていましたから、そんなバカな話はないと。オイルショックのころだって、石油が足りなくなっても何とかなっていたし、われわれは原発がほとんどない時代だって十分近代的な生活を維持できていたのです。

原発のコストは間接費に比べて直接費が安いのは確かですが、運転費だって高いし、設備費が高い。専門家に言わせれば、最終的な処理コスト、廃棄コスト、使用済核燃料処理コストは計算できないから、これについては考慮していないと。金融機関では不良債権の将来発生する確率までちゃんと計算して、あるいはストレス・テストまでして、リスク管理をやっているのに、電力会社はまったく考えないでやっている。なんと杜撰なことをやっていたのかと、信じられない思いです。

原子力賠償責任法で国家が賠償費を払い、そのツケは全て国民に回ってくる。つまり電力会社がやったことのツケが国民に降りかかってくる、とんでもないシステムだったのです。

さらに東電の経営トップの事故後の対応です。責任を取ろうとせず、「想定外」とだけ言い放って、ボーナス減額どころか退職金をもらう。本来なら責任をとる立場にありながら、身銭を切るという感覚がまるでない。東電には倫理観や道徳観が失われているように思えました。

仲間の信用金庫がやられたことに対し、敵討ちではありませんが、こんな常識外れの社会的な不公正は許せないとの思いから、「脱東電」という思いも重なって脱原発のメッセージを掲げました。ただ言ってはみたものの、政府が原発を止めることができないと言うのなら、原発を止める環境をつくろうと。一切原発に頼らない社会をつくるために行動を起こそうと考えたのです。

加藤　自分たちで動こうと。

吉原　企業として何をやるべきか。企業の本分は社会貢献ですので、まず金融機関として、金融業務を通じてできることは何か。情報も発信しなければいけない。とくに節電商品の発売、東電からPPS（特定規模電気事業者：Power Producer and Supplier「新電力」）に切り替える。それもただ切り替えるだけじゃなくて、社会やお客に切り替えを促すためのパンフレットの配布、記者会見の実施、そういったことによってPPSブームを巻き起こす。PPSに対する一般企業の電力供給ビジネスを喚起して、東電の「電力が足りない」キャンペーンを無力化してしまおうと。

今年は、横浜市のキリンビール工場がPPSに電気を販売し、日本製紙など大きな会社は、石炭火力を動かして電力事業に参入することを表明しています。また、パルシステムなどの生協もPPSに参入して、PPSの制度的な制約である五〇Kw以上の電力卸に止まらず、小口販売で一般家庭への供給にも乗り出そうとしています。このように電力の自由化をなし崩し的に進めていければと考えています。

太陽光のソーラーパネルも同様です。世田谷区では、区長が一〇〇〇枚のパネルを区民に提供しようと検討を始めています。行政主導のこのような動きが活発化すればと期待していますし、城南信金としても金融面から対応していきたいと思っています。脱原発ということでいえば、こういった感じでしょうか。

脱原発は実現可能

加藤　続いて、脱原発はどのようにしたら実現可能かについて、考えを聞かせてください。

吉原　いろんな学者の方々、マスコミが言っていることは、なんかウソっぽいことが一杯あって、本当のところはどうかという議論をした方がいいと思います。

去年、電気が足りないと言ったが、今年はもう電気は足りている。これは単純な足し算。足したら足りているじゃないかと、TVの報道番組でも言っていましたが、それは前から分かっていることで、既存の電力設備だけで十分足りる。それに去年一年間、東電も大分増設しています。作るとなると通常、環境アセスメントなどで一、二年かかるところ、政府が特例で認めたために火力発電を簡単に設置し稼働している。東電は十分な火力発電設備をもっているのです。

関西電力は電気が足りないから大飯を再稼働すると言いましたが、足りないと言い始めて一年間何もやってこなかった。夏休みの宿題をやっていない小学生と同じで、立たされるのは君たちだと言いたい。とにかく、経営者としての自覚がない。無責任です。無理やり大飯原発を再稼働したら、こんどは火力発電所を止めた。つまり初めから余っていたから火力を止めたわけです。原発を動かしておいて、実は火力発電所をこっそり止めた。とんでもないことです。「どうして？」と聞かれたら、「いや足りないわけじゃなくて、多様化が必要です」と言い訳を変えてくる。

問題は電力会社を生かすことが目的なのではなく、電気を安定的に供給することが目的なのです。個別の電力会社のことは知ったことじゃない。安定供給できる電力システムをいかに構築するかなのです。

加藤　それが脱原発できるかにつながってくるのに、できないという人がたくさんいるね。

吉原　現状だとまったく問題はないわけだし、日本国内には去年一年間で原発一〇基分の自家発電設備が増設されました。設備的には有り余っているのです。動かしてないかも知れませんが、トヨタだってみんな持っていますよ。詰まるところ、脱原発できないというのはコストだけの問題なんです。要はコスト計算をどう考えるか。そのコスト計算は現実にはできているはずです。

脱原発が二〇三〇年までに可能かという議論がありますが、一八年間でやろうという考えではありませんよ。もうすでに日本は原発がなくても電気は十分足りているのに、どうして二〇三〇年までに脱原発が可能かなどとばかばかしいことを議論するのか。

もう電気は足りているのだから、あとはコスト面で日本はもつのかという論点に焦点を当てればよいわけです。脱原発は物理的には可能なので、日本経済が耐えうるコストに収まるために、化石燃料はどのぐらい使えるのか、節電がどの位必要かと。太陽光は確かに高いですが、国外にお金を出さない前提なら、いくらコストが高くても所詮は日本国内の所得再分配の問題です。コストと考えるべきではないでしょう。

加藤　その通りだね。

吉原　コストが嵩むことが問題なら、国民から税金というかたちで徴収し、企業に補助金を出せばいいだけの話でしょう。

加藤　化石燃料が必要だから、コストが上がってしまうという。だから火力発電をやると電気料金を値上げしますとなる。しかしコストが上がるからこそ、新しい再生可能エネルギーの台頭が期待できるわけだね。価格メカニズムだから電気料金が上がれば、「申し訳ない。東電さんは高いから他に替えさせてもらいましょう」といえる時期が来るはずです。

吉原　電力は足りています。問題は脱原発がコスト面から可能かどうかということだけ。

　事実を国民の前に詳らかにしてもらいたい。コストがもつかどうかの議論を抜きにして、脱原発の議論はおかしい。実は、アメリカの大手電力各社は、一昨年来、相次いで新規の原発建設をキャンセルしています。その理由は「純粋にコストが合わない」からです。

　またGEのCEOであるジェフ・イメルトも「原発は経済的に高い。今後世界中が太陽光とシェールガスの発電に移行するだろう」と述べています。今やアメリカの企業で原発に興味のある企業は一つもないのです。自然エネルギーについても、世界中で急速に拡大しています。技術革新の結果コストが急減しているからです。「原発がコストが合わないのは、今や世界の常識」なのです。今後ここにメスを入れたいと考えています。脱原発は現実的であり、即座にできるのです。

（二〇一二年九月二日）

未来志向で
電力政策を考える

加藤寛
VS
江崎浩
東京大学大学院教授

江崎 浩（えさき ひろし）

東京大学大学院情報理工学系研究科教授。

一九六三年(昭和三八年) 福岡県生まれ。九州大学工学部電子工学科修士課程了。株式会社東芝、米国ニュージャージ州ベルコア社、コロンビア大学客員研究員、東京大学大型計算機センター助教授、東京大学情報理工学系研究科教授などを経て現職。

米国元副大統領・ノーベル平和賞受賞者アル・ゴア氏の「情報スーパー ハイウェイ構想」立案に大きな貢献をしたAURORA Projectに参加。インターネットIPv6の世界的権威。節電に立脚するスマート社会の創造の提言とその実践につとめる。

東大グリーンICTプロジェクト代表。WIDEプロジェクト代表。Live E！プロジェクト代表。IPv6普及・高度化推進協議会専務理事。ISOC名誉理事。日本データセンター協会理事・運営委員会委員長などを歴任。

主な著書に、『IPv6教科書』（インプレスR&D)、『ネットワーク工学』（数理工学社)、『なぜ東大は30%の節電に成功したのか？』（幻冬舎）などがある。

電力会社はNTTと似た構図で捉えられる

加藤　実は今から一七年前、『NTT vs 郵政省』という本を書きました。そのときNTTは地域分割して基幹回線は開放しなさいと提言したのですが、そこに至る過程で「固定電話なんてそもそも持っていない」という学生もいて「あれ、固定電話の議論なんて、ひょっとして過去の話をしているのかもしれない」という話になってね。

今回の電力問題に置き換えて考えてみると、送電網で電気をガンガン送るという話ではなく、家庭での電力管理や蓄電技術の発達をふまえると、将来的にはまったく新しいフレームワークが生まれる可能性があるのではないか。それはアメーバ状に発達したインターネットの世界に似ているのかもしれない、ということになり、江崎先生に今日の対談をお願いすることになったんです。

江崎先生には、未来志向で電力産業と電力政策について、日頃お考えのところを語っていただこうと。

早速ですが、江崎先生は、電力会社は電電公社・NTTと似通った構図で捉えることができると仰っていますね。

江崎　本来、通信産業も電力産業も、供給者側のロジックに沿ってつくり出されるものではなく、ユーザー・サイドから組み上がり出来上っていくような話なのだと思うのです。

電力産業で考えると、初期のステップは自分でエネルギーをつくるという人たち（自家発電するユーザー）が現われて、それが次第に自律的な繋がり（送電ネットワーク）をつくり始めます。協調動作が広がり、規模が拡大していく段階で、やがて大きなコマーシャル・プレーヤー（既存電力会社）との関係をどうするかという問題が顕在化します。

おそらく、東電の送電部門は分社化されますね。そうすると分社化された送電会社の送電網というアセットを、このような自律的に繋がって協調する人たちにどう使わせるのかというシナリオは、NTTの場合の「e-Japan」のコンテクストで語れるのかなという気がしています。

すなわち電電公社は民営化されてNTTとなり、さらに再編されて持ち株会社形態のNTTとなったのですが、電力産業も通信産業・IT市場の変遷と発展過程が似てくるのではないかと思うのです。

ちなみにe-Japanのときに何があったかと言いますと、NTTの保有するクリティカル・インフラをコンペティターや新サービスの事業者が自由に使えることを再確認することで、NTTに妨害しないという〝踏絵〟を踏ませたのです。

しかも電力産業の場合、電力会社と鉄道会社と道路会社は送電系のところですでに組んでいますよね。鉄道会社は自前の発電所を抱えるなど、かなりの自立性を持つまでに力をつけている。したがって、このアセットも一まとめに、共有化する対象として考えなければならないのかもしれません。

東京では、送電線はすべて地下に埋設されています。そのインフラの大きな部分はメトロのものです。田舎では何かあった時にトラブルシュートが速いという理由から空中線ですが、都会はとても無理なので地下に埋めたほうが良いということになっています。そうだとすれば、直径三メートルほどの溝を掘って、そこに電力線も水道も全部入れるという構造をつくるのがいちばん良いのではないかと思いますね。

ただポテンシャルからいうと、鉄道会社はものすごいインフラを持っています。競争政策的な観点からは、鉄道会社に思い切ってお金を突っ込んで電力会社のコンペティターをやらせるのも面白いかも知れません。

加藤　鉄道会社もそうだが、実は結構自家発電をやっていて、日本は自家発電率の高い国のひとつなんだね。いわゆる供給側の論理が幅を利かせる状況が続けば、誰も東京電力の電気を買わなくなってしまいますよ。

江崎　それがいちばん健全な姿だと思います。将来、東京電力という会社は、ユーザー・サイドの自家発電による自給自足を基本とし、電力が足りなくなったとき、その不足分を補充してくれる存在、電力の限界的な供給会社になるのではないかと思うのです。まあ言ってみれば、銀行にとって資金不足のときに、お金を融通してくれる日銀みたいなものですね。そんな感じじゃないのかな。

また家庭が太陽光で自家発電することで、東電から購入する電力量を減らしていく取り組みは続けるべきと思います。別にソーラーパネルに限りませんが、あらゆる代替エネルギーを含め、事業所というか需要家が電気をつくり出すようになればなるほど電力会社への依存度は下がっていくわけで、そういう動きが広がれば今度は需要家の間でネットワーキングが活発になるでしょう。

産業の発展過程からすると、最初のヨチヨチ歩きの段階では資本や技術の蓄積が進んでいないわけですから、小さな規模からスタートする。しかしやがて、それが社会インフラとしての地位を確立しようとするまでに大規模化した段階では、責任をもつ主体によるインフラ運用の仕組みがないと上手く動かない、というのが今までの経験です。

電力のメディア変換技術が実用化されれば

江崎　ところがこの既成概念を、インターネットはぶち壊しましたね。インターネットはもともと分散型の思想で設計されており、分散したままでも運用可能になっているため、分散して存在していたネットワークが相互に接続され自己増殖的に拡散していきました。そしてこれを可能にした根本的な技術こそが〝デジタル化〟なのです。すなわち、メディア変換の技術（バッファー技術）が実用化されたことによって、それができるようになったのです。

これを電力産業に置き換えて考えると、電力業界を根本的に変える技術とは、ほかでもない〝エネルギー変換と蓄積系の技術（バッテリー）〟になると思います。この技術ができ上がった瞬間、特定のエネルギー・メディアに依存せず、送電ネットワークを通じて相互接続できるようになりますので、劇的に世の中が変わることになると思います。

例えば最近思うのは、ニコラ・テスラが作った交流システムをトーマス・エジソンの直流システムが逆襲している感じかなと。交流システムは電話と一緒で、全部が同期していないと機能しません。従って、ひとつのマネジメントされた会社でないと交流システムは運用できない仕組みになっているのです。同期していないもの同士を繋ぐのがいかに大変なことかは、東西日本の50ヘルツ／60ヘルツ問題が示しているところですね。ですからメディア変換技術が実用化されれば、同期していない別々のシスムが問題なく動くようになる。東電依存度はドラスティックに減ることになりますよ。

加藤　こうした相互接続は具体的に進展しつつあるのかな。

江崎　家庭ではすでに始まっています。家庭には東電からの電力供給のほかに、ソーラーパネルが置かれ、エネファーム（ＥＮＥ・ＦＡＲＭ、家庭用燃料電池コージェネレーションシステム）もあって、複数の電源が混在した状態にありますが、そういう中で、家庭全体は今直流に変わろうとしています。

従来の住宅では、電気は交流で送電されて来るのですが、家庭内の電気機器は交流で使用できないものが多く、交流を直流にコンバータで変換して電源供給しています。ところが、これらの自家発電は全て直流電源なので変換する必要がなく、家庭内でそのまま使用することができるのです。

あとはとくに大きな事業所や大規模な工場です。工場は大きな発電設備を持っているわけですから、余った電気を外部に供給すれば、コミュニティーへの貢献になりますね。

加藤　たとえば、大規模発電所をもっている鉄鋼会社の周辺などは、電力会社はいらないと思うね。製鉄所が周辺地域に電気を供給してくれれば、それで足りてしまう。どうやって送電するかの問題だけでしょう。電力会社に開放してもらって借りさえすれば実現できそうだね。

江崎　そうですね。発送電を分離して、送電会社は他のソースからも使用料を取れる仕組みにすれば、電力会社の発電部門と鉄鋼会社は発電会社として同等の立場になる。そういうカスタマー形式にした方がよいと思います。

同じことがJRにも言えます。彼らは自家発電した電力を自らの鉄道インフラを使って送電することができます。そうすると、彼らができないところだけ電力会社が面倒をみてあげればこと足りる。これは通信産業でいえば、新電電のビジネスモデルに近いもので、新電電は幹線部分を手掛けて、家庭への引き込み線（FTTH `Fiber To The Home）だけをNTTから借りていました。

加藤　江崎先生は、NTTの第二次再編（持ち株会社形態への移行）について、その有効性を問題視しているね。我々もNTTの第二次再編では事業分割と地域分割を持株会社の下で実施したことが最大の失敗であると評価しています。郵政はその失敗したNTTの持株会社形式の機能分割を模倣したから、さらに失敗を繰り返していると考えているんだ。

ところで現在の発送電分離の議論の中でも、電力会社を分割する案が複数取り沙汰されているが、この点についてはʔ

江崎　NTTの再編では、人事交流の無い完全な分割が必要でした。分割後も持ち株会社（NTT）が人事権を持ち続けていることがいちばんの問題だと思います。人事権を握られているから、持ち株会社にぶら下がっている事業会社は自由な経営が許されておらず、各社の独自性を出せていない。もう一つは、霞が関に対する政策的な提言も、やはり持ち株会社が全て抑えてしまっている。地域や事業といった現場の意見が通らないところも問題です。

ＮＴＴとの類似性から言えることとして、東電が「国よりも小さく、地方自治体よりも大きい」という中途半端なサイズであることがあります。確かに国からも自治体からも干渉を受けることのないサイズとしては望ましいので、上手にデザインできさえすれば、独立性の高い会社になりえます。〝健全な株式会社〟になっていれば、それがいちばん望ましくはあります。

ただ先ほどお話しした通り、〝霞が関〟以上に〝霞が関〟ぽくなっているところがすごく問題だと思います。こうなると理論上は国と自治体双方から監視を受けているように思えますが、実際にはどちらも手出しできない存在となって、我儘し放題を許してしまうことになります。このことは今回の原発事故の遠因としてもあるのではないかと。

加藤　やはり電力は、ＮＴＴと似た構図で考えられるね。

ビジネスとしてみた電力の将来展望

加藤　冒頭に申し上げたように、我々がＮＴＴ問題を議論した際にも、業界構造の将来的な変化の方向性について考えました。ＢＳ放送、ＣＳ放送、インターネットの勝者はどれか、デジタル化や圧縮技術の革新がもたらす変化とは……と。

発送電分離の問題を考える場合にも同様に、ビジネスとしての将来展望を持つことは不可欠なんだね。

そこで次に、電力ビジネスについて俯瞰してください。

江崎　電力をビジネスとしてとらえる時、その構造は放送・コンテンツ業界に似ていると思っています。この業界について、わたしが最初に思ったのは、「出版の自由」から出発した日本と「表現の自由」から出発した米国との間にある、物凄く大きな違いですね。意図的かどうかは知りませんが、日本では憲法にも「出版の自由」としか書かれておらず、したがって放送には自由がない。出版は憲法で自由が保障されているので止められないが、放送は総務省が止める権限を握っているのです。一方の米国はどうかというと、憲法で「表現の自由」を保障していますから、どのメディアにも自由に表現する権利が認められています。

日本ではこのような思想のもとに制度がデザインされており、コンテンツを〝作る〟人と〝流す〟人を分離する政策が十分に実現されているとはいいがたい状況だと思っています。もちろん実際にビジネスを展開する企業の側からすれば、このような規制に挑戦しバイオレーションしようとするのが常ではありますが。

要はビジネスを立上げるときには、コンテンツと流通を押さえ、そこから生み出されるキャッシュフローを囲い込まなければ成り立たないので、このような動きが出てくることになります。ただ、コンテンツを特定の流通・配信チャネルと組んで作り流すわけですから、この排他的・閉鎖的な関係は長続きすることはありません。ビジネスが拡大すれば、どこかの段階で両者は分離して、コンテンツはそのほかのメディアでも流れるように変わっていくのです。CDや初期のインターネットといったマルチメディアがそれに当たり、この現象こそデジタル化の本質といえます。

こういうふうに考えてみると、発送電分離の根本的なポイントは、最初にビジネスを立ち上げるときには送発分離は不要だけれども、成長していく段階のどこかでステッチングを入れて、送発両サイドで選択肢が取れるように修正していくことかと思います。企業に選択権が用意されているということは、市場開拓できる可能性があるということを意味しています。

問題は、日本のコンテンツ業界の発展を妨げている組織があることです。それは、代々木上原のＪＡＳＲＡＣ（日本音楽著作権協会）という団体でしょうか。彼らは著作権者の権利を保障するという大義のもと、実際に守っているのは現在では、〝中抜き〟可能になっているレコード会社、テレビ局、出版社の権利です。今の議論で言い換えれば、コンテンツの発展を犠牲にして、流通つまりメディアしか守っていない。本当に守るべき人を守らず、守らなくていいところを守っているので、ひどい軋轢を生んでいるのだと思いますね。

東電、送発電分離問題も同じことで、守るべきは電送媒体ではなく、発電する人でなければならない。使う人を守る必要がある。もっと踏み込んで言うと、使う人と発電する人、この両者をできる限り近づけるビジネス構造を考える団体が必要なのだと思います。

加藤　電力業界でJASRACのような存在は誰なのかと考えると、やはり電事連（電気事業連合会）、エネ庁（資源・エネルギー庁）といったところになるのかな。

江崎　自由な発想と活動に最大の価値を置くインターネットの視点からすると、〝中抜き〟可能な人たちを守ろうとする、こういった機関は無くしたほうがよいという結論になります。

加藤　発電と送電の分離。松永安左ヱ門は発送電一体の立場をとりました。ただ江崎先生は、初期段階は一体運営が必要だとしても、どこかの段階では発送電は分離されるべきであると言われた。私は松永のいちばんの問題はやはり、国家中心だったのだと思いますね。つまり供給者、管理者の立場から考えていた。そこには需要者、利用者の発想が欠けていた。こういう意味からすると、松永は大きな間違いを犯してしまった。

江崎　先ほど言った「国と自治体の中間の大きさ」にあった会社が、まさに国の発想でオペレーションしてしまったということかも知れません。もしかしたら、この体制ができた当初、スタート時点では、純粋にプライベート・カンパニー（民間会社）を想定していたのに、いつの間にか変質してしまったとか。

加藤　松永の内心には（福澤）諭吉の思想が流れていた。「民間自立」の一点だね。戦前は発送電分離で電力事業に政府介入がなされた時代でした。それゆえに、松永は強く反対し、発送電一貫を主張した。だけど、発送電分離に賛成の福澤桃介がいたために、それをもっと強く出せなかったのかな。松永にとって福澤桃介はやはり先輩であり、お金ですぐ困ってしまう松永にとっては事業を始めるときにいつも後ろ盾になってくれる存在。諭吉と同じ福澤姓を有する桃介は、松永にとってつねに背中を見ながら走る存在だった。

戦前に発送電一貫が実現できなかったのは、なによりも戦時下統制経済という環境によるところが大きいが、発送電分離に賛成する桃介の存在もあったのではないかな。

むろん松永は戦後、福澤諭吉の「民間自立」の精神を体現することが可能となる発送電一貫を実現することに成功するわけだけれどもね。ここが実に粘り強い。しかし、独占が残らざるをえなかった。

江崎　企業は独占化が進めば進むほど、現状の独占形態を守るため、これまでのやり方に固執するようになりますが、これは企業行動としては合理的でやむをえないこと。むしろ重要なのは政策として、このような独占状態を打破できるオルタナティブな選択肢を第三者に絶えず提供し続けることだと思います。間違っても、独占状態を保護するような方向に向かわないよう気をつけないといけません。

「地産地消＋バックホール」

江崎　いずれにしてもバックホール（Backhaul・送電線網）をひとつのモノポリーに任せるのは極めて危ないと思います。通信・電話業界では、まさにそれが起こってしまったわけです。

また電力固有の事情として、たとえばメガソーラーで発電しても直流電源をつくるので、売電のため交流の基幹電送システムに組み込もうとすると変換技術が追い付いていない現状、非常に高コストになってしまうという問題がある。ただエンド・ユーザー側の末端では直流電源を使っているので、ローカルでの利用は何ら問題はありません。

そこで一つのアイデアとして提示したいのが、「地産地消＋バックホール」による地域間連携です。つまり、地産地消型のローカルなエネルギー・システムを市単位とか県単位で構築し、これらを自己増殖的に連結して送電網を拡大していこうというものです。これはインターネットのネットワーク構造をモデルとするもので、連結部分の送電網を複数の会社が手掛ければ独占状態を回避することが可能となります。

既存の電力会社とは別のもう一つの送電会社は、ＪＲにやらせると面白いと思いますね。インフラと資金を持っていますから。さらにＪＲは、電力会社を管轄する経産省ではなく、国交省の管轄なので、役所同士の競争心を煽ることもできる。ただし、ＪＲが強くなり過ぎることに対する警戒心を持たれ始めてはいますがね。

加藤　ＪＲのほかに電力に関心の高い、潜在力のあるプレーヤーはあるのかな。

江崎　高速道路は結構やる気があると聞いています。直接話をしたことはありませんが、ＪＲよりも〝霞が関〟っぽい匂いがします。金儲けのことは余り考えていないかもしれませんね。

確かに社会インフラで金儲けするのは怪しからんと世間ではよく言われますが、わたしはそうではないと思っています。これからは社会インフラを維持していくために、もっと積極的に金儲けのことを考えないと。

加藤　金儲けする必要のない原価計算方式を採用しているから、そういった意識が育たない。金儲けを考えざるをえないような原価計算の仕組みにすれば、意識は変わりインセンティブも働くのではないかな。

江崎　ＪＲがすごい勢いで上手くいったのは、やはり借金があったからだと思います。借金を返さなければ立ち行かなくなると思って、必死に技術革新も、経営改革もやったのですね。気がついたら利益率が高くなり過ぎて、それを隠すために今度はリニアモーターカーに手を出したりしています。

でも、こういうことはすごく重要だと思います。今、東電に提案しているのはスマートメーターの活用です。ユーザー各戸に設置するスマートメーターは、魅力的なネットワーク・インフラになりうる潜在力を秘めています。借金を返すための新たなキャッシュインフローが生み出せるのですから、それをやったらどうですかと言っているわけです。さらに、そうなると経産省の管轄領域で総務省が管轄するビジネスが可能となり、そのままＮＴＴの対抗軸となり得ますから、ここでも省庁間に競争が生まれてきます。

加藤　ＪＲが電力ビジネスの可能性を秘めているように、東京電力も新たなビジネスの可能性を秘めており、これが双方向に進めば消費者にとってもメリットがあることは分かりました。あとは当事者である事業者がいずれも独占企業であったり、各省庁の傘下に入っているから、経営の自由と創意工夫を欠いて企業家精神が発露されない事態にも注意が必要だね。

国の関与はどうあるべきか

加藤　つぎに電力政策の視点から、国の関与について考えを聞かせてください。

江崎　産業の成長をスポイルしないためには、ビジネス的に減価償却できないものを国の資金でやるのは良くないと思いますね。つまり研究開発に対してリスクが高いので国が補助金を出すことはありえると思いますが、実オペレーションを国が補助するというやり方はやはり健全でないと思います。

国の関わり方としてもう一つは、たとえば送電線網（バックホール）を一つの会社しか引いていない場合には、これを複数のビジネス・プレーヤーが使えるようにすること、それと別の会社が引くことができる環境を整備することです。金銭面からの施策ではなく、ルールを作る、環境を整備するのが国のなすべき仕事なのです。政府は補助金を出すことばかり考えず、ポリシーをしっかり決めることに心を砕くべきでしょう。ただし、ポリシーはビジネスそのものに直接・間接に大きな影響を及ぼしますので、その決め方次第で事業の自由を阻害する危険性があるのが凄く難しいところではありますが。

そういう意味では、再生可能エネルギーを五〇円から一〇〇円で買い取る固定価格買取制度という施策は最悪ですね。あれでは、業界からすれば高く買い取ってもらえるので、コストを引き下げて価格を安くしようというインセンティブは働かない。長続きしないでしょう。

この点、神奈川県の黒岩知事は頑張っていると思います。あそこは県レベルで、売電を基本とするソーラーは入れないと宣言しています。市場をよく見ていると思いますね。

加藤　今回の買い取りの仕組みは、国民にあまねく負担させようとするもので、ひどいことになる可能性があるね。

江崎　借金と不良資産の山を築いて、将来に禍根を残すことになりかねない。

加藤　食管制度（食糧管理制度）では農家の米を固定価格で全部買い取ったわけだが、私は「こんなバカな話はあるか」と言いましたよ。

江崎　全くその通りです。農業を強くしたいなら、競争させなくては決して強くはなりません。

電力政策に対して今、何が求められているか

加藤　送電システムの変革が軸になると思うけれど、電力政策について、今何が求められているのだろうか。

江崎　物事を大きく変える時には、やはり〝黒船〟は必要なんですね。ただしその時、単

純に真似をするのではなく、新しい方向を探そうとするのが日本人。福澤諭吉という人は、それに長けていた。日本の文化・サムライを守りながら、海外から入ってくる文化を取り入れるために、どうやってアウフヘーベンするかを考えていました。

エネルギー・システムはちょうど、そういう時期にあるのだと思うのです。その入り口の一つは、どうやってオープン化するか。

ポイントは三つ、技術、情報、業界構造のオープン化です。これまでこの三つの側面からクローズド化することで鎖国状態にあったエネルギー・システムをどのように開国するのかということを考える必要があります。

まず「技術」。鎖国状態にあって当たり前ですが、グローバルな技術から遮断されてきました。それから「情報」については、企業情報・データやガバナンスが閉じていた。つまり社会からの鎖国状態にあったのです。普通の会社であるべきところが、原価を自ら決められるし、価格もインタラクション（相互作用）しあう必要もなかったため、独善的な組織になっていました。

さらには「業界」自体が閉じていて、すごく上手にほかの技術を殺していました。生かさず殺さず、徳川時代の士農工商のような感じ。つまりオルタナティブなエネルギーの存在は分かっていても、原子力をメインに据えたいがために適当にやらしておいた。要は、補助金を出しておけば自助努力を怠り、ビジネスにならない。自立させないようにコントロールしていたのです。

加藤　なるほど。この三つをどのように開国していくかということだね。技術のオープン化の方向性はどのようなものになるのかな。

江崎　インターネットがそうであったように、全てのものが繋がり、新しいものが自由に入れるような構造をつねに意識していること。オルタナティブなエネルギーが国内に入って来れるように、構造上の定義をしておくこと。それから、そもそもグローバルなマーケットを前提とすれば、ドメスティックなマーケット仕様でつくったものというのは意味をなさないということ。これに尽きるだろうと思いますね。

いろいろなところで話していることなのですが、「日本の技術は最高だ。しかしグローバルの標準化で戦うと負けてくる。ボロい技術がグローバルに標準化されるので、腹いせに国内の標準にしてしまう」という悪循環が続いています。最高の技術であれば、本来グローバルな地位を奪い取らねばならないと思うのですが、日本人は「英語できない。お酒飲めない。美味しいものを食えない」、したがって失敗する。

さらに悪いことには、国際標準化を取りに行かなくてもいいようにしている団体がたくさんあります。電事連、電波産業会……とか。最近では携帯電話。あれはマーケットで上手くいっているのですから、本当はグローバルに持っていかなければいけなかった。

加藤　標準を取りに行くことが、ビジネス上の重要な課題にならなかったのは、日本という国が中途半端に大きいからということかな。

江崎　中途半端に技術の専門家だったからだと思います。米国は技術で負けることを受け入れて、マーケットの競争で頑張るというのが彼らの考え方。日本ではどうかと言いますと、確かに良いものをつくるが、ビジネスをやっていない技術屋に引っ張られて、大きなグローバル・ビジネスの絵が描けなかった。

加藤　日本では、デジュール・スタンダードを国に任せて、デファクト・スタンダードを自ら取りに行こうとする企業がいないことが問題だね。日本の中では偉いけれども、世界に出ていくと途端に偉くなくなる企業が多すぎる。今、江崎先生はうまいことを言われたね。「英語、お酒、美味しいもの」という表現で、日本人は広義のコミュニケーション能力にひどく欠けていると。まさにそういうことなんだ。ということは、やはり問題は人材の育成、人の問題に行き着くね。

江崎　直接関係は無いとは思いますが、東北の復興の集まりに呼ばれた際、まず人を育てるというアイデアが出てこない。復興が二〇年プロセスだとすると、二〇年後にお金を回せる、ビジネス・ストラクチャーをつくるのは、どう考えても今の高校生から大学生たちです。だから、こういう若い人たちにもっとお金を使うべきではないか、という意見を出しても、自治体の人たちにとっては、今のお金を使うことが先決でなかなか難しいようです。

加藤　ユーザー・サイドの自立化、あるいは送電システムの自律・分散・協調化の観点から、電力政策に求められるものについて改めて提言してください。

江崎　基本的にはやはり、需要家サイドからシステムを作り替えたほうがよいかと思います。需要家が選択肢を持って新しいものを選べるような仕組みにすることに注力すべきでしょう。間違っても、送電会社に資金を注ぎ込むことはやってはいけません。送電会社はJRと同様に、借金を負わせて頑張らせること、保有するインフラを他の事業会社に開放させることがポイントになります。

加藤　オープン化するということね。ひょっとすると送電網をもっている事業者には、経営の見通しが立たなければスポンサーに売却するところも出てくるかもしれないね。

江崎　それはいい傾向です。

加藤　そう言われてみると過去に道路事業では、日本高速通信という会社は、高速道路の脇に通したネットワークによる長距離通信ビジネスを手掛けていたが、そのインフラをすぐさま売却してしまったことがあったね。

江崎　借金の重荷に耐えきれず売却し撤退することも、自力再生することも、自分で判断すればよいことだと思います。

加藤　個別技術で注目されているのは、直流技術と蓄電技術のほかには、どの様なものがあるのかな。

江崎　はっきり言って分からないですね。面白いことを考える人は必ず出てきます。我々も、もう十分爺さんですから、次の世代の人たちが面白いことを考えてくれると思います。そのために、みんな研究をやっているわけですからね。

ただし、新しい技術が出てきた時には当然、ルールを変える必要がありますね。このルールを変える準備と勇気を、行政と企業は持たなければなりません。

加藤　イノベーションと電力政策については、どうですか。

江崎　すごく難しいのですが、イノベーションは実際のフィールド経験がないと、おそらくつくれないと思います。レギュレーションにしがみついていると、ろくなことにはなりません。

加藤　発明家をつくる必要はないということなの。

江崎　発明家をつくろうとすると失敗します。実務でやっている人の中で、イノベーションが生み出される。隣のフィールドからヒントを得て知識やアイデアを移入して生み出されるものなのです。隣のフィールドでやっていることを模倣して、自分のフィールド仕様への修正・改良を積み重ねる。それが、いつしか自分のフィールドにおいて完全に支配的になるときが来て、イノベーションがもたらされる。

これはすごく感動し、勉強させてもらった話なのですが、フェラーリを作った奥山清行さんという方がいます。奥山さんはフェラーリが大好きで、二〇年間、「五分」のために働いたと言っていました。あのデザインを提案するのはたったの「五分」だったけど、その「五分」のアイデアの裏には二〇年間の積み重ねがあった。そこからイノベーションがデリバリーされたと。

政策に期待するとすれば、実現性のないように見えるイノベーションをスポイルしないことでしょうか。

加藤 三〇年後の原発依存度について「ゼロ、一五％、二〇～二五％」という三つのシナリオのうちいずれを選択すべきか、という議論がなされましたね。日本は原子力をゼロにすることができると思いますか。

江崎 できると思います。ただし、科学技術としての原子力は残すべきだと。原発依存度とは別の議論として、存続させなければならないと思います。原発依存度を「三〇％」から「ゼロ」に引き下げるというチャレンジをおそらく日本人は乗り越えられると思います。

ただし単純に節電するということではなく、日本経済の効率は維持しつつＧＤＰは三％

以上の持続的成長は必要とするなら、効率化を三五%ぐらいやる必要がある。こういった具体的目標が社会的コンセンサスになれば、ものすごい技術革新が出てきますよ。

加藤　確かに三五%効率化はインパクトがある。企業人の実感として、五%なら誰も考えない。しかし二〇%といったら、これは考えるね。

江崎　日本人は、追い込まれないとみんな考えない。追い込む必要があると思いますね。

また節電というとマイナスイメージですが、成長を続けるための技術ですという具合に別の切り口で見てみると、国際競争力があることが分かります。その時のポイントは、持続的な成長を担保するための技術であり、エネルギー消費を抑制するための技術ではないということです。企業や消費者全てが自由に活動するためのインフラなのです。

この同じコンテクストから、中国は日本の〝節電〟技術が欲しくてしょうがない。エネルギー需要の増加に対してサプライが追い付かないため、その穴を埋める技術を導入して成長を持続させようと考えているのです。

加藤　今日、江崎先生から頂いた話は、大筋で私たちが考えていることに即した内容だったね。日本の進むべき方向性ははっきりしている。もう決まっているのです。それなのに、日本人はなぜ知らん顔をしているのか。分からないねえ。

（二〇一二年九月九日）

対　談　「今、何が求められているのか」

特別寄稿

原発政策に関する討論型世論調査(DP)について

曽根泰教
慶應義塾大学大学院教授

曽根 泰教（そね　やすのり）

慶應義塾大学　大学院政策・メディア研究科教授。

一九四八年、神奈川県生まれ。

慶應大学大学院博士課程。同大学法学部教授、同総合政策部教授を経て現職。イェール大学政治学部客員研究員、オーストラリア国立大学客員研究員、エセックス大学政治学部客員教授、ハーバード大学国際問題研究所客員研究員などを歴任。

専門は政治学、政策分析論。同大ＤＰ研究センターの研究代表者。討論型世論調査（ＤＰ）の先駆的研究者。「エネルギー・環境の選択肢に関する討論型世論調査」の実行委員長をつとめる。

主な著書に、『決定の政治経済学―その理論と実践』（有斐閣）、『現代の政治理論』（放送大学教育振興会）、『日本ガバナンス』（東信堂）などがある。

討論型世論調査（ＤＰ）の流れ

二〇一二年八月、民主党政権の下で、「エネルギー・環境の選択肢に関する討論型世論調査（以下、「ＤＰ」と略称）」が実施されました。委託を受けてＤＰを行なったのは私たちのチームです。未来志向で電力政策を考えるためにも、このような取り組みは大変意義深いものであり、国家レベルの意思決定を支えるこのような世論調査は、新たな社会実験ともいえるでしょう。

今回のＤＰの参加者は二八五人、二日間にわたり実施したのですが、一日一つずつ、二つのテーマを討論しました。

一つ目は「エネルギー・環境とその判断基準を考える」ということで、エネルギーを選択する場合の判断基準について。自分の判断基準を考えてもらいます。

二つ目は「二〇三〇年のエネルギー選択のシナリオを考える」で、政府が提示する三つのシナリオのどれを選択すべきかについて自分の考えをまとめてもらいます。

ＤＰでは最初に電話世論調査があって、その中から「討論フォーラム」に参加してくれる人に対して討論資料を郵送し、討論フォーラム当日は、まず冒頭、討論前アンケートを実施します。そして実際の二日間にわたる討論の後に、改めて討論後アンケート調査を実施します。ですから計三回のアンケート調査を実施することになります。

結果として三つのデータを採ることができますので、これにより熟慮された意見の推移をみることができるわけです。最初の電話調査は普通の世論調査です。新聞社やテレビ局がよくやる調査と同じです。そのあとは、DPへの参加者に対して、事前に少し勉強してもらうために資料を郵送します。結構、内容がいっぱいありますが、かなり読み易くはしてあります。とはいっても、一般の人にとっては難しいと思います。でも、みんな読んできています。

DPに集まってくれた人たちに対して最初の討論前アンケートを実施し、そのあと普通なら資料説明や政府説明をやるところですが、それはやりません。

アンケートをとったあと、今回は一五人の小グループに分かれて、三〇〇人ですから二〇グループに分かれて、モデレータを進行役に議論を開始します。このグループ討議では、最後の一五分くらいで、次の全体会議で専門家のパネリストに聞く質問を一つにまとめてもらいます。各グループが一つの質問に取りまとめますので、二〇の質問が用意されることになります。小グループの討議は九〇分間行われ、その後に、全体会議（九〇分）の場で専門家のパネリスト四名が質問に答えて、かなり詰めた議

討論型世論調査とは

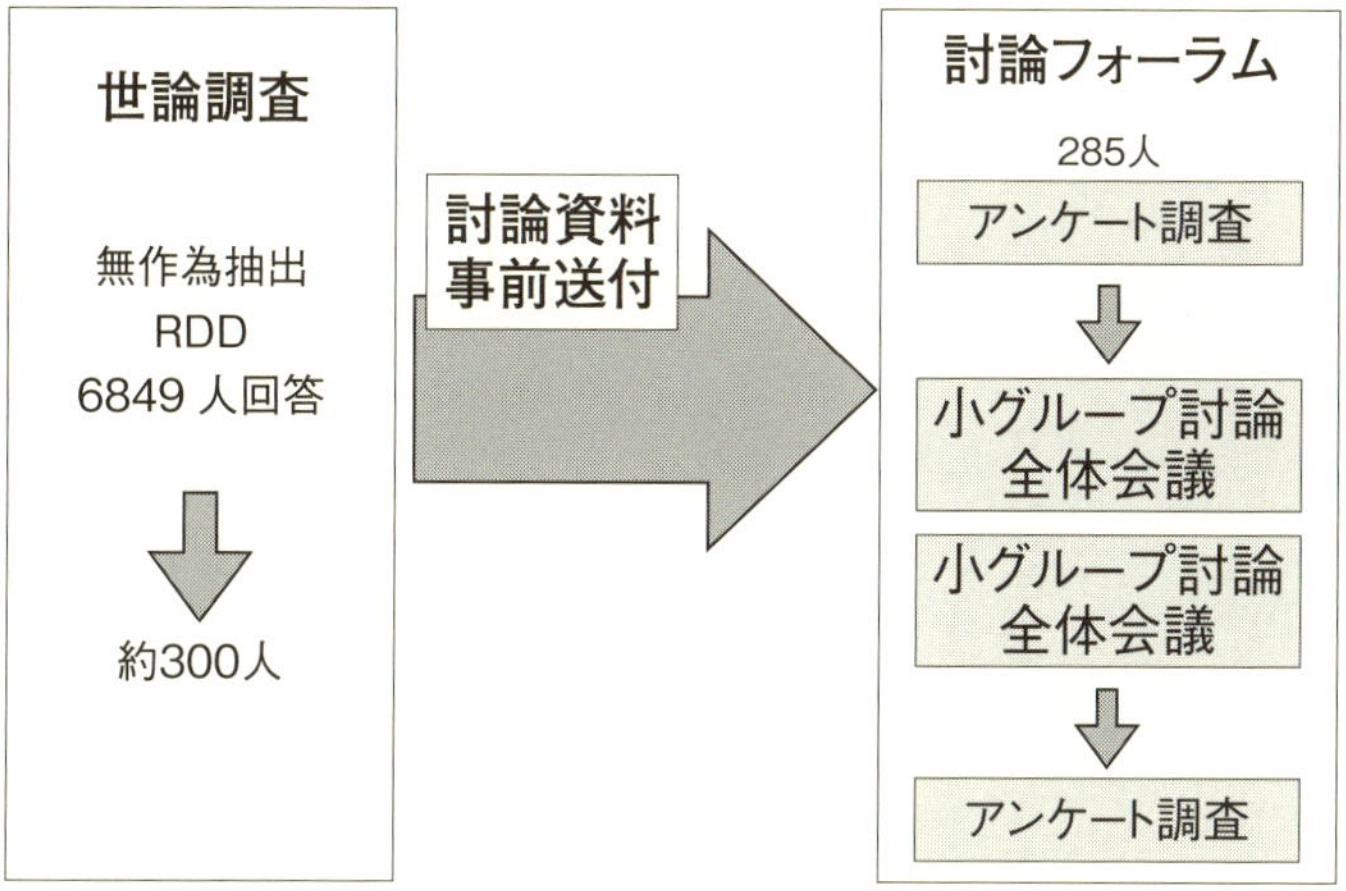

討論型世論調査のデータの特徴

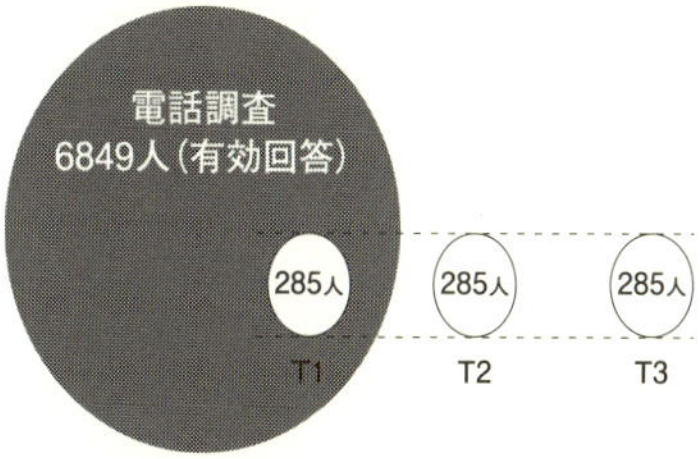

討論型世論調査の位置づけ

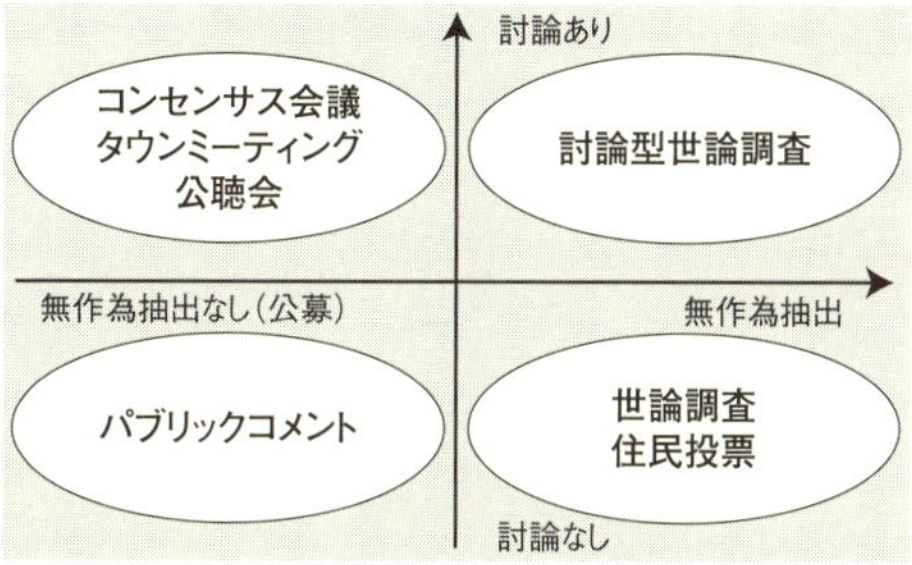

論をします。このような二日間にわたるグループ討議と全体会議を経て、参加者は最後に討論後アンケートに答えることになります。

パネリストには原発推進派もいれば、反対派もいます。エネルギーの専門家もいるし、環境問題の専門家もいます。二日間、一日四名ずつ別の専門家がパネリストをしますので、仕組みとしては、すごく大掛かりなものになります。

これがDPの大まかな仕組みになりますが、世論調査と討論をどのように組み合わせているのかが中心部分です。小グループの討論、それから全体会議という専門家のパネリストとの質疑応答をするわけですが、パネリスト同士のディベートはしません。ですから、結論的に言うと、いろいろ資料を読んで、みんなで議論をして、しかも専門家にも問い質して、それで最後にまたアンケートを採っているわけですから、思いつきの答えでないことは確かです。

意外にも「ゼロ」を選択する人が増えた

それで最後に、どちら側に意見が変わったのかということが重要になります。これが多くの新聞社や関係者が興味をもったところであり、かつ意外な結果だったのです。

事前には誰もが（二〇三〇年時点での原発依存度一五％とする）「一五シナリオ」

に収束するとみていました。それがどうしてか、（二〇三〇年時点での原発依存度ゼロ％とする）「０シナリオ（以下、ゼロ）」が増えてしまったのです。今現在でも新聞社によっては、思いつきでゼロが増えたと、ポピュリズムだと言っています。しかし、これだけの資料を読んで、じっくり議論して、それで専門家に問い質したうえで、ゼロが増えたということは非常に重要なことで、この結果に対しては細野豪志環境相（当時）も、古川元久国家戦力担当相（当時）も、枝野幸男経産相（当時）も、重く受け留めなければならないと思ったわけです。

それでは、なぜ、ゼロが増えたのか。一言で言えば、みんな「安全」に不信感をもったのです。みんな聞くわけです。「安全ですか」、「大丈夫ですか」と。しかし、原子力の専門家から、満足のいく答えは得られませんでした。

「エネルギー政策の四大基準」というのがあります。安全、安定供給、コスト、温室効果ガスの排出削減の四つのことです。エネルギーの「三つのＥプラスＳ」とも言います。Ｓは安全性（Safety）のことで、三つのＥとは、まず安定供給すなわちエネルギー安全保障（Energy Security）、次にコストすなわち経済性（Economic Efficiency）、それから温暖化防止は環境（Environment）の英訳の頭文字。この四つの基準を並列に並べ、どれを重視するかそれぞれに聞いたら、圧倒的に「安全」になりました。安全性のところがクリアできないなら、そもそも普通の選択が成り立ちません。原子力学者も、財界人もそこのところが分かっていないんです。安全性に対していかに不信感が持たれているのかということ、そこが理解されていないのです。

多くの人たちにとっては、福島第一の原発事故があり、そのトラウマが残っているのかと思いますが、その一方で推進したい人たちがいます。原子力をもっと使った方がいいと考えている人が、確認したい点を質問されても、確たる答えを返せない。

一〇〇%安全なんて言い切ることはできないでしょう。だけど、少なくとも福島第一原発と第二原発、女川原発の違いくらい説明してくれてもよさそうなものです。新しい原発と古い原発。つまり福島第一は「マークI」という一番古いタイプで、四〇年を超えています。これと第三世代の新しいタイプはここが、こう違いますと、言ってくれたっていいじゃないですか。それを言わない。

反対派である、ないに拘わらず、疑問をもった人に対する説明は不十分でした。原子力学者はコミュニケーションが下手だということもあるでしょう。そのことが、結果的にゼロを増やした原因の一つかもしれません。だけど、それだけではないですね。専門家の答えによって意見は多少影響を受けるでしょうが、参加者はもっと複合的、総合的にいろいろ考えているわけです。原子力を止めるとコストが上がる、再生可能エネルギーを増やさないといけない、省エネ・節電をもっとしないといけない、国民はライフスタイルを変えなければならない。国民一人ひとりの覚悟が問われていると、そこまで考えているわけです。

　それでも、原子力維持とはいかなかった。だから、この結果を理解するときには、そこのところを理解しないと、また失敗します。電力会社も失敗するし、産業界も失敗するでしょう。

　大づかみにいって、政府は一五％に落とそうと思っていたかもしれません。実際、私も、結論が何処にいくのか、分かりませんでした。資料を読めば、どれもいいとは書いていません。どれも問題あると書いてある。プラス面はあるけど、マイナス面もあると書いてあります。〇シナリオも、一五シナリオも、二〇〜二五シナリオもプラス面はあるけど、問題はあるのだと。

　エネルギー源にしても、水力はこう、太陽光はこう、風力はこう、プラスはあるけど、マイナスもこんなにありますよと、全てに書いてあるんです。

　ですから、いろいろな討論をして、参加者はみんな迷ったと思います。迷った結果、だけどね、というところが答えだったのだと思います。そのプロセスは全て公開していますから、作為的なものは入り込む余地はない。全体会議は全部ＹｏｕＴｕｂｅに上げていますし、小グループの討論も傍聴席があってみんな聞いていています。データも個人情報は除いた形で個票まで公開している。この公開性、透明性が非常に大事です。ですから、恣意的な操作の一切ない結論が、原発依存度ゼロということです。批判はさまざまありますが……。

信頼性のない原子力の専門家たち

このDPでは、電力会社、政府、原子力専門家、マスコミに対して、情報の信頼性について聞いているのですが、ほかの領域に比べて信頼性は遥かに低いですね。去年は年金をやりましたけれども、年金のときにくらべても低い。この問題に対しては、原子力学者もそうですが、電力会社なんて最悪です。政府も、マスコミも、信頼はありませんね。

つまり原子力学者を信頼しないというのは、彼らの発言内容そのものも信頼できないし、学者自体を信頼していないということもあります。

年金についても、国から委託を受けて同じ手法でDPを行いましたが、そのときはそんなことはなかった。制度が崩壊しているのだから、なんとかしろよ、ということはあっても、政府とか年金専門家に対する信頼感がそんなに低いということはありませんでした。またＤＰの二日間のプロセスを経て信頼感は上昇しました。年金の場合、信頼感が上昇すると、年金システムの信頼感も高まったんです。税制改正を容認するようになった。そのプロセスが今回も見えるかと思ったら、全く見えなかった。

ですから、去年の年金の討論と今回の討論の両方を見れば、いかに違うかが分かります。これを見比べて、どこから立て直す必要があるかといったら、まず誰の話を聞いたら信用できるのか、そこから立て直さなければなりません。

通常の討論ですと、こっちの年金学者の言ってることはおかしいけれど、あっちの学者の言うことは理解できる、とかいうことがあります。ところが、原子力は誰を信用したらいいのか分からない。まずは信頼できる情報源が出てきたら、一歩前進ですね。これは、誰がオーソライズするかの問題になります。たとえば国際機関がオーソライズするとか、アメリカの原子力規制委員会がＯＫと言うとか、ＩＡＥＡが認めるとか。つまり相当大きな仕組みを作らないと信頼回復は無理です。

原子力の学者・専門家、電力会社は苦境に立っていると思いますが、信頼できる情報が欲しい。

政府に対しては表立って批判はしてないですけれども、三つのシナリオの前提となる需要見積りは間違いだらけです。政府の二〇三〇年までの予測というのは、三つのどのシナリオも一〇％は省エネでカバーすることになっています。だけど現実は、一〇％どころではありません。三〇％近い省エネができるというかなり信頼できる計算もある。昨年、関電がやった需要見積り計算の数字は一四、五％間違っていました。大飯原発を動かすために、需要はこのくらいと予測したものです。

これはまだ公表されていませんが、厳密に計算した人がいます。その人の計算では、一四、五％の需要の過大見積りだったそうです。天候のせいでもなんでもないですよ。数字そのものが根拠がなかった。だから私は、電力会社のデータをまだ信用していません。

ともあれ、今回は政府の政策決定システムの中に討論型世論調査（ＤＰ）を公式なかたちで入れたのです。ＤＰの歴史の中で、公式に入ったのは今回が初めてです。これはＤＰにとっては、画期的な出来事といえます。

ですから、たとえ何やら胡散臭さを感じるような三つのシナリオでも熟慮した世論を受け入れざるを得ないのです。ＤＰはＤＰ、政府とは関係ないという言い逃れは、もはやできません。政府は政権が代わっても考慮せざるをえない。まさにそういう状態です。

新聞などは毎日、政府は何愚図愚図しているのか、早くゼロに決めろとか騒ぎ立てますけれど、世論調査が決めるのでなく、政治家が決める問題です。ただＤＰをやったからには、すごく重く受け止めざるを得ません。そこが一般の世論調査とは違うのです。しかも政府の金でやったのですから。私が勝手にやっていたら、政府はあれほどには悩まない。あれは研究だと言って逃げていたでしょう。

（二〇一二年九月九日）

- 橘川武郎『資源小国のエネルギー産業』芙蓉書房出版（2009）
- 橘川武郎『原子力発電をどうするか』名古屋大学出版（2011）
- 橘川武郎『東京電力　失敗の本質』東洋経済新報社（2011）
- 木山実「原発問題と経営史学」『Reference Review（関西学院大学リポジトリ）』第 57 巻第 2 号（2012）
- 栗原彬「原発危機の政治学」『明治学院大学機関リポジトリ』第 35 号（2012）
- 公正取引委員会『独占禁止法改正の基本的考え方について』（2003）
- 公正取引委員会『電力市場における競争の在り方について』（2012）
- 古賀茂明『日本中枢の崩壊』講談社（2011）
- 小宮隆太郎・奥野正寛・鈴村興太郎編『日本の産業政策』東京大学出版会（1984）
- 斎藤貴男『「東京電力」研究　排除の系譜』講談社（2012）
- 斉藤誠『原発危機の経済学』日本評論社（2011）
- 佐藤郁哉・山田真茂留『制度と文化　組織を動かす見えない力』日本経済新聞社（2004）
- 相樂希美「日本の原子力政策の変遷と国際制作協調に関する歴史的考察・東アジア地域の原子力発電導入へのインプリケーション」『RIETI Discussion Paper Series』（2009）
- ジェームス・C・アベグレン『新・日本の経営』日本経済新聞社（2004）
- 正田彬「独占禁止法による市場支配力の規制」『ジュリスト』No.1327（2007）
- 正田彬「市場支配的事業者の規制制度の必要性」『公正取引』No.675、㈶公正取引協会（2007）
- 杉山伸也『日本経済史　近世―現代』岩波書店（2012）
- 砂川幸雄『運鈍根の男　古河市兵衛の生涯』晶文社（2001）
- 高橋洋『電力の自由化』日本経済新聞出版社（2011）
- 高橋雄造『百万人の電気技術史』工業調査会（2006）
- 武田徹『私たちはこうして「原発天国」を選んだ　増補版「核」論』中公新書ラクレ（2011）
- 竹森俊平『国策民営の罠　原子力政策に秘められた戦い』日本経済新聞出版社（2011）
- 電気事業研究会『北米合衆国大西洋沿岸　超電力連系調査報告書』ダイヤモンド社（1927）
- 東邦電力史刊行会編『東邦電力史』（1962）
- 富田輝博「電力市場の自由化と電力産業の再構築」『情報研究』第 24 号（2000）
- 富田輝博「寡占的電力市場に関する政策評価」『情報研究』第 37 号（2007）
- 中谷巌『資本主義はなぜ自壊したのか―「日本」再生への提言』集英社インターナショナル（2008）
- 長山浩章『発送電分離の政治経済学』東洋経済新報社（2012）
- 新潟日報社特別取材班『原発と地震　―柏崎刈羽「震度 7」の警告』講談社（2009）
- 新原浩朗『日本の優秀企業研究』日本経済新聞社（2003）
- 野口悠紀雄『1940 年体制（増補版）』東洋経済新報社（2012）
- 福沢桃介『財界人物我観』図書出版社（1990）
- 福沢桃介『福沢桃介の経営学』五月書房（1985）
- 福沢桃介『福沢桃介式』パンローリング（2009）
- 福沢諭吉『学問のすゝめ』岩波文庫（1978）
- 堀和久『電力王・福沢桃介』ぱる出版（1984）
- 本田宏「日本の原子力政治過程（2）ー連合形成と紛争管理ー」『北大法学論集』第 54 巻第 2 号（2003）
- 松永安左ヱ門『電力統制私見』（1928）
- 松永安左ヱ門「電気事業」『現代産業叢書第 4 巻　工業編上巻』日本評論社（1929）
- 松永安左ヱ門「電力統制問題とプール組織」『電気公論』第 16 巻第 2 号（1932）
- 松永安左ヱ門『電力再編成の憶い出』電力新報社（1976）
- 宮寺敏雄『財界の鬼才　福澤桃介の生涯』四季社（1953）
- 山岡淳一郎『原発と権力　―戦後から辿る支配者の系譜』ちくま新書（2011）
- 吉岡斉『原発と日本の未来　原子力は温暖化対策の切り札か』岩波ブックレット（2010）
- 吉岡斉『新版　原子力の社会史　その日本的展開』朝日新聞出版（2011）
- 渡哲郎『電力業再編成の課題と「電力戦」『経済論叢』第 128 巻第 1-2 号（1981）
- OECD『構造分離・公益事業の制度改革』日本経済評論社（2002）
- Fligstein N.,1990, The Transformation of Corporate Control, Harvard University Press
- Meyer J. & B. Rowan,1977,Institutional Organizations: Formal Structure as Myth and Ceremony," Amerian Journal of Sociology, 83.
- Minoru Fukuda 1923『Super -Power System and Frequency Unification in Japan』THE TOHO ELECTRIC POWER CO.

参考文献一覧（著・編者五十音順、発行年代順）

- 浅川博忠『民は官より尊し』東洋経済新報社（1995）
- 浅利佳一郎『鬼才福沢桃介の生涯』日本放送出版協会（2000）
- 穴山悌三『電気産業の経済学』NTT 出版（2005）
- 有馬哲夫『原発・正力・CIA　機密文書で読む昭和裏面史』新潮新書（2008）
- 出弟二郎「万事に新しいハートフォード電灯会社」『電華』第 81 号（1928）
- 出弟二郎「電力統制と金融問題」『彙報別冊』第 44 号・全国経済調査機関聯合会（1931）
- 出弟二郎「電力統制強化策に就いて」『電力国営の目標』電界情報社（1936）
- 植草益『講座・公的規制と産業①　電力』NTT 出版（1994）
- 大西理平編『福澤桃介翁伝』福澤桃介翁伝記編纂所（1939）
- 尾内隆之「公共研究の視座を豊饒化する包括的な原子力政治過程分析」千葉大学公共研究センター（2005）
- ミュルダール著、加藤寛・丸尾直美他訳『反主流の経済学』ダイヤモンド社（1975）
- 加藤寛編『入門公共選択　政治の経済学』三嶺書房（1983）
- 加藤寛編『福沢山脈の経営者たち』ダイヤモンド社（1984）
- 加藤寛・山同陽一『郵貯は崩壊する・頭取のいない「国家銀行」のゆくえ』ダイヤモンド社（1984）
- 加藤寛『日本経済を読みとる 4 つの視点・歴史に学ぶ正しい選択』PHP ビジネスライブラリー（1986）
- 加藤寛 他（社会経済国民会議編）『分割・民営化はなぜ必要か』社会経済国民会議（1986）
- 加藤寛・黒川和美編『政府の経済学』有斐閣（1987）
- 慶應義塾大学経済学部加藤寛研究会第 28 期生『内需拡大論の経済政策的意義について・記念最終論文集』（1988）
- 慶應義塾大学経済学部加藤寛研究会第 29 期生『産業調整政策を論ずる・最終記念論文集』（1989）
- 加藤寛『体験的「日本改革」論・経済算術と政治算術』PHP 研究所（1990）
- 加藤寛『慶応湘南藤沢キャンパスの挑戦・きみたちは未来からの留学生』東洋経済新報社（1992）
- 加藤寛『繁栄の軌跡 – 歴代総理の経済政策と私』講談社（1993）
- 加藤寛『なぜ、今、「学問のすすめ」なのか？福沢諭吉の 2001 年・日本の診断』PHP 文庫（1993）
- 加藤寛・中村まづる『総合政策学への招待』有斐閣（1994）
- 加藤寛『公私混同が国を亡ぼす　政・官・業の改革を阻むもの』東洋経済新報社（1995）
- 加藤寛『教育改革論』丸善ライブラリー（1996）
- 加藤寛『官僚主導国家の失敗』東洋経済新報社（1997）
- 加藤寛『福沢諭吉の精神　日本人自立の思想』PHP 新書（1997）
- 加藤寛『「官」の発想が国を亡ぼす・構造改革なくして 21 世紀の日本がありえない』実業之日本社（1999）
- 加藤寛『気概ある日本人・無気力な日本人』PHP 研究所（1999）
- 加藤寛『大増税の世紀「税金のために生きる日本人」でいいのか』小学館文庫（2001）
- 加藤寛『加藤寛・行財政改革への証言』東洋経済新報社（2002）
- 加藤寛編『入門公共選択　政治の経済学』勁草書房（2005）
- 加藤寛・竹中平蔵『改革の哲学と戦略』日本経済新聞出版社（2008）
- 加藤寛・宮崎緑『加藤寛インタビュー 福沢諭吉なら、今、こう言う – 究極のベストセラー「学問のすすめ」に学ぶ日本再生への提言』エイドリバー出版事業部（2009）
- 加藤寛『だから日本はよくならない・裏切られた政治主導』近代セールス社（2010）
- 河合篤男『切磋琢磨　慶應義塾・加藤寛ゼミに学ぶ人材育成』生産性出版（2007）
- 北久一『電気経済論』商工会館出版部（1951）
- 北村洋基「日本の原子力政策の形成過程」『經濟論叢』第 114 巻第 1-2 号（1974）
- 北村洋基「日本の原子力政策と産業—昭和四〇年代の研究開発を中心にして—」『商学論集』第 44 巻第 4 号（1976）
- 橘川武郎『日本電力業の発展と松永安左ヱ門』名古屋大学出版会（1995）
- 橘川武郎「九電力体制の五十年」『経営史学』第 37 巻第 3 号（2002）
- 橘川武郎『日本電力業発展のダイナミズム』名古屋大学出版会（2004）
- 橘川武郎『松永安左ヱ門　生きているうち鬼といわれても』ミネルヴァ書房（2004）
- 橘川武郎「経済成長エンジンとしての設備投資競争・高度成長期の日本企業」『社會科學研究』第 55 巻第 2 号（2004）
- 橘川武郎「電力自由化とエネルギー・セキュリティー：歴史的経緯を踏まえた日本電力業の将来像の展望」『社會科學研究』第 58 巻第 2 号（2007）

●著者略歴

加藤　寛（かとう・ひろし）

大正15年岩手県生まれ。経済学者。慶應義塾大学名誉教授、嘉悦大学前学長、千葉商科大学名誉学長、第一生命経済研究所名誉所長、日本FP協会名誉理事長。

日本経済政策学会会長などを歴任した学会の重鎮であるとともに、政府の審議委員や顧問を数多く務め、日本の経済政策において理論と実践の両面で中心的役割を果たす。特に、臨時行政調査会では部会長として国鉄民営化の立役者となったほか、政府税制調査会の会長を10年にわたって務め、税制見直しに尽力した。小泉内閣では内閣府顧問。

橋本龍太郎氏、小泉純一郎氏、小沢一郎氏ら、教え子・弟子から多くの大物政治家を輩出していることでも有名。著書も多数ある。

平成25年1月逝去。

日本再生　最終勧告

2013年3月21日　初版発行
2013年4月1日　第2刷発行

著　者　加藤　寛
発行者　唐津　隆
発行所　株式会社ビジネス社
〒162−0805　東京都新宿区矢来町114番地
神楽坂高橋ビル5F
電話　03−5227−1602　FAX 03−5227−1603
URL　http://www.business-sha.co.jp/

〈印刷・製本〉モリモト印刷株式会社
〈装丁〉上田晃郷
〈本文DTP〉茂呂田剛（エムアンドケイ）
〈編集協力〉前田和男、斎藤明（同文社）
〈編集〉本田朋子〈営業〉山口健志

ISBN978-4-8284-1701-1